青少年探索世界丛书——

改变世界的发明创造

主编 叶 凡

合肥工业大学出版社

图书在版编目(CIP)数据

改变世界的发明创造/叶凡主编.—合肥:合肥工业大学出版社,2012.12
(青少年探索世界丛书)
ISBN 978-7-5650-1171-9

Ⅰ.①改… Ⅱ.①叶… Ⅲ.①创造发明—青年读物②创造发明—少年读物 Ⅳ.N19-49

中国版本图书馆 CIP 数据核字(2013)第 005309 号

改变世界的发明创造

叶 凡 主编　　　　　　　　　　　责任编辑　郝共达

出　版	合肥工业大学出版社	开　本	710mm×1000mm　1/16	
地　址	合肥市屯溪路 193 号	印　张	11.25	
邮　编	230009	印　刷	合肥瑞丰印务有限公司	
版　次	2013 年 6 月第 1 版	印　次	2024 年 1 月第 3 次印刷	

ISBN 978-7-5650-1171-9　　　　　　　　定价:45.00 元

目 录

四大发明之一
　　——指南针 /1
潜水艇 /8
轮船 /15
火车 /21
汽车 /26
飞机 /32
喷气式飞机 /38
超音速飞机 /44
电报 /49
电话 /55
无线电 /59
超导技术 /62
电视机 /68
传真机 /71

电子计算机 /78
录像机 /86
集成电路 /91
卫星通信 /97
因特网 /103
光纤通信 /108
激光视盘 /112
铝合金 /114
无机化肥 /117
卡介疫苗 /120
合成纤维 /123
青霉素 /126
CT扫描仪 /128
温度计 /131
气压计 /137

麻醉药 /143
心电图机 /145
维生素 /152
胰岛素的发明 /158
试管婴儿 /164
克隆技术 /171

四大发明之一——指南针

在风和日丽的艳阳天,太阳给我们指明了方向;在满幕星辰皓月的夜晚,北极星教我们辨明南北。当太阳、星辰躲起来时,迷失了方向的人苦恼至极。中国劳动人民经过长期生产实践发明的指南针,结束了人类靠天辨认方向的历史。

永指南方

中国最早的指南针是指南车。关于指南车的发明人说法不一。传说公元前2000多年,黄帝发明了指南车。黄帝和蚩尤大战,蚩尤能做大雾,弄得黄帝部下的战士辨别不清东南西北,迷失了方向。黄帝为了战胜蚩尤,经过几夜的冥思苦想,创制了指南车,用来指示方向,大败蚩尤,成为华夏族的最高首领。

有人则把指南车的发明归于周公。据说周公当政的时候,西方诸侯都派使者来朝贺,越裳氏在极远的南方,也派使者来进贡。周公怕越裳氏的使者回去时迷失方向,便造指南车送给他。

众说纷纭,莫衷一是。不过,指南车正式见于史书记载则始于东汉。以后三国南北朝、北宋时期,都有人制造指南车。根据北宋时期燕肃把指南车献给皇帝的那篇公文,可以知道他制造的指南车的形状和内部构造。它是一辆装载着长方形车厢的双轮车,车厢的外面有形象生动的雕刻和色彩鲜明的图画做装饰,非常美观。车厢里面是整套精巧的机件,和车厢顶上站着的可以转动的木偶相关联。那木偶平举一手做指示方向的样子。指南车用四匹马拉着,行动的时候,不管车身拐弯大小,木偶的手指始终指向南方。

战国时候,我国冶金业兴起和迅猛发展,人们在寻找铁矿的时候,发现一种磁铁矿,即磁石。磁石的发现和对其性能的掌握,在指南针的发明史中具有决定性意义。

磁石有一个区别于别种矿石的显而易见的特性,就是它的吸铁性。最初人们无法正确解释这一现象的奥秘,于是就拿母子情来比附:"石,铁之母也。以有慈石,故能引其子;石子不慈者,亦不能引电。"故先秦和秦汉古籍中都把磁石写成"慈石"。大约到了唐代,"慈"字才改为"磁"。由于磁石具有吸铁的特性,人们还送给它一个诨名——吸铁石。

人们掌握了磁石的吸铁性之后,在各个方面应用它。秦始皇曾用磁石修筑阿房宫的北阙门以防刺客。用磁石过滤釉水中的铁屑,曾是烧制白瓷的一道重要工序。在制药的过程中,往往用磁石吸去铁制杵臼留在药中的铁屑。磁石也应用于医疗上,《本草纲目》记载了宋代人用磁石吸铁作用来进行某种外科手术,如在眼里或口里吸取某些细小的铁质异物。到了现代已发展成为一种专门的磁性疗法,对关节炎等疾病显示出良好的疗效。然而,发现并利用磁铁的指向性,制造出指南针,则是中国对世界文明的一项更伟大的贡献。

用磁石制成的指向仪器,最早称之为司南。司南就是指南的意思。它大概问世于战国时期。

司南是用天然磁石制成的,样子像一把勺,底部圆圆的,司在平滑的"地盘"上自由旋转。那块方方的地盘是指罗经盘,四周刻有八干(甲、乙、丙、丁、庚、辛、壬、癸)和十二支(子、丑、寅、卯、辰、巳、午、未、申、酉、戌、亥),加上四维(乾、坤、巽、艮)共二十四向,是配合司南一起为人们定向的。定向时,人们把司南的柄轻轻一碰,待旋转的磁勺慢慢静止下来,勺柄就指向南方,告诉人们所处的方位。据说那时的郑人去采玉时,一定要怀揣一套小小的司南,以免在深山幽谷中迷失道路。

可是,那式样精巧,线条流畅"小磁勺"是如何从一块不规则的天然磁石中脱胎换骨而来的呢?这不能不归功于我们的场玉工人的智慧。我国的琢玉技术在商周时已很精湛,至迟到春秋,玉匠们就能把硬度 5~7 的软玉和硬玉琢成各种形状的玉器。因此在战国时把硬度只有 5.5、6.5 的天然磁石制成形体较简单的司南,就更得心应手了。

天然磁石在琢制为司南的过程中,不易找出准确的极向,且也会因受震、受热而失去磁性。加工出来的司南本身很重,与地盘接触转动时的摩擦力又较大,因此指向效果不是很好。于是,这种指南针的鼻祖没能得到广泛的推广应用。这却为指南针的出现留下了广阔的空间。

磁辨南北

经过长期的探索,到了唐末宋初时期,我们的祖先终于发明了两种人工磁化的方法,指南针也就应运而生了。

一种方法是制作指南鱼。宋代曾公亮等著《武经总要》中记述了指南鱼的做法:把薄铁片剪裁成长2寸、宽5分、头尾像鱼形的铁片,把它放到炭火中烧得通红,一方面增加铁分子的活力,打破分子间原来的稳定排列,使分子在重新排列时形成磁性;另一方面,通过灼烧、淬火(放到水中数分钟),增加了铁片的钢性,使钢铁磁化后不容易退磁。而在淬火时,把"鱼尾"正对着北方,"鱼头"就自然对着南方,实际就是把一块高热的铁片放在地磁场中,使它在骤然冷却时,在地磁场的作用下,分子重新排列,铁片被磁化。但因地磁场磁性太弱,磁化也较微弱,因此,为加强磁化的程度,就把这"鱼"放在密闭的容器中保存一段时间,这个容器实际是放有永久磁铁的匣子,以便使它强化"鱼"的磁性。这样做成的"鱼"就是指南鱼。

这是世界上最早利用地磁场磁化铁片的实验,说明我们的祖先在当时就对铁在地磁场中磁化的原理有了相当的认识。类似的方法直到600年以后的1600年才被欧洲人掌握。不过,用这种方法所获得的磁性较弱,影响了指南鱼指南的准确性。

另一种方法是用天然磁石来摩擦铁针,使铁针磁化,制成指南针。这种磁化方法简单而有效,所以就很快地推广开了。宋代大科学家沈括在他的《梦溪笔谈》中记载了针形。指南针的四种装置方法:一是水浮法,就是使磁针中部穿在一根灯芯草中,一起悬浮在水面上;二是指爪法(也叫指甲旋定法),就是把磁针平放在指爪甲上,由于爪甲摩擦阻力较小,磁针很容易转动,就会在地磁场的作用下自动地指定南北方向;三是碗唇法(也叫碗沿旋定法),就是把磁针平放在碗唇(碗的边缘棱)上,指向原理与指爪法相同;四是缕悬法(也叫丝悬法),就是用一根茧丝系在磁针腰上,用芥子大小的蜡将它固定好,悬挂在没有风的地方,就会自然指向南北。

正如在使用司南时需要地盘配合一样,在使用指南针时也需要有方位盘相配合,故此指南针也叫罗盘针。磁针和方位盘联成一体,称为罗经盘或罗盘。罗经盘的出现,是指南针发展史上的一大进步,只要一看磁针在方位盘上的位置,就能定出方位来,罗盘有水罗盘和旱罗盘两种。它们的区别在于:旱罗盘的磁针是以钉子支在磁针的重心处,并且使支点的摩擦阻力十分小,磁针可以自由转动。显然,旱罗盘比水罗盘有更大的优越性。它更适用于航海,因为磁针有固定的支点,而不会在水面上游荡。但是,它在海上应用仍然很不方便,当盘体随海船做大幅度摆动的时候,常使磁针过分倾斜而靠在盘体上转动不了。1560年,意大利的卡尔达诺发明了新的磁针装置。这是一种利用三环式悬挂法的装置,无论船如何颠簸摇摆,磁针都能准确地保持水平状态,因此磁针指示的方位更加准确。这种装置叫罗盘仪,是航海中最重要的工具,非常适用于木船。然而铁船出现之后,磁针受铁的影响失去作用。为了消除磁针的指示误差,人们又想了各种办法。例如,在磁针旁边放置永久磁铁或在两侧放置铁球。1874年,英国的凯尔文发明了不受铁影响的准确的罗盘仪。

利用磁针,不仅能确定方位,还能测定方位角和磁倾角,从而能够确定位置。指南针的发明是一项具有划时代意义的伟大成就。作为一种指向仪器,指南针在军事、生产、日常生活、地形测量上起了重要作用。

指南针大约在北宋末期被用于航海。它的出现首先弥补了天文导航的致命缺陷,使航海家们再也不必在阴雨天时紧张得手足无措了。开始时,人们对它的使用还很不熟练,因为它仅被视作天文导航的辅助工具,是在阴雨天才被航海家拿出来使用的一种备用之物。到了南宋,随着人们对指南针性能和用途了解的深化,它已逐步成为主要的导航仪器。航海者特意在船上设置了专门放置指南针的场所,叫针房,交由有经验的火长(导航人员)专门掌管,一般人员不得随便进入。火长必须有敬业精神,要专心致志地盯着罗盘,否则稍有疏忽,一船人的性命就可能无所依托了。而在元代,若没有指南针的导向而贸然出海,会被视作一件不可思议的事。

远洋航行的保证

指南针使人类获得了全天候航海能力,再也不必担心阴晦天气无法观测天象而迷失方向,由此开辟出远洋航行的坦途。明代大航海家郑和率领庞大的船队七下西洋,罗盘立下了大功。罗盘指引航线,进哪个港湾,转哪个海口,以及如何避开礁石浅滩,都用指南针来确定。

磁石指南针(普通称为航海罗盘)在中国经历了漫长而缓慢的发展之后,经阿拉伯商人和海员传入欧洲。当时正是欧洲各国航海家和冒险家大显身手、出尽风头的时代。他们在商业需要和宗教热忱的强大动力下,梦寐以求地要去远方探险和贸易,就像有人曾说过的"欧洲是饥渴的",许多青年人渴望冒险。少数的国王则渴望征服。在欧洲人口稠密的地区,成千上万的人渴望土地和渴望能有所得。除此之外,富有的和小康的人们有一种日益增长的欲望:要求便利的设备和奢侈品。许多这样的东西可以从非洲和亚洲得到。但是土耳其人占据中东后,商人们不容易从旧路到达亚洲,因此他们开始寻找新路,也寻找新的供应源泉。而这时,指南针的传入和迅速改进,使他们的远行成为可能。商人们和传教士们一同走出欧洲,一同旅行到世界最远的地方。

1487年,葡萄牙航海家迪士斯率领探险队第一次绕过好望角。1492年,达·伽马发现了抵达印度的新航线。同年,意大利热那亚水手哥伦布率领的船队首次登上美洲土地,把地理大发现的热潮推向了顶峰。1519年~1522年,葡萄牙航海家麦哲伦领导的船队完成了人类第一次环绕地球一周的旅行。广阔的新大陆和新航线的开辟,更新了欧洲的整个生活,打开了全球市场。

　　远洋航行技术的诞生,是开辟新航线的前提,而小小的罗盘,使浩瀚的海洋得辨四维,是这门新技术得以突破的关键所在。指南针为我国郑和开辟中国到东非航线提供了可靠的保证,导引出使那个时代为之震动的地理大发现的新航线。人们的远行成为可能。商人们和传教士们一同走出欧洲,一同旅行到世界最远的地方。

潜水艇

潜水艇是一种水下战斗舰。它能神出鬼没地远离基地独立作战。它能突然打击舰船,切断敌人运输线,还能钻到敌方海域港口侦察和布放水雷,是海战中的主力。

天才尝试

海底遨游、"龙宫"探密很久以来便是人们美好的愿望。1620年,荷兰物理学家科尼利斯·德雷布尔在英国建成第一艘潜水船。这艘船用木质做骨架,外面包了层牛皮,船内装有很多羊皮囊。只要一只只打开皮囊,让海水流入,船身就开始下潜,一旦挤出皮囊中的海水,船身就上浮到海面。这艘潜水船取名叫"隐蔽鳗鱼"号,实际上是靠人力摇桨前进,不具备实战价值,还不能叫潜艇。但它证明了水下航行的可能性。

美国人布什内尔是第一艘能作战的潜艇的发明人。1775年美国独立战争爆发,第二年英国殖民军的舰队就开到纽约城下。布什内尔就去找起义军首领,把自己制造潜艇从水下攻击英国军舰的方案说了出来。他的方案当即受到重视。第一艘潜艇"海龟"号诞生了,埃兹拉上士操纵该艇袭击"鹰号","海龟"号靠人力摇动螺旋桨推进,慢慢向英国战列舰"鹰号"前进。由于上士操纵不熟练,再加上潮水冲击,费了好大劲才靠上敌舰。上士对捉敌舰正下方,摇钻打洞,企图把炸药挂到敌舰上。不巧钻头碰到金属板上,怎么也钻不进去,眼看空气快耗完了,他不得不驾驶潜艇浮出海面,不幸被英军巡逻艇发现,上士急中生智,引爆了炸药包。英军吓坏了,弄不清是什么"怪物",连夜下令舰队离开纽约。这次行动被起义部队总司令华盛顿称赞为"一次天才的尝试"。

19世纪60年代美国南北战争期间,蒸汽机推进的潜艇问世,揭开了潜艇作战的序幕。1863年12月5日夜,南军潜艇"大卫"号在查理士港外用长杆鱼雷击伤了北军的"克伦威尔"号铁甲舰,这是潜艇击伤敌舰的首次战例。

1893年,第一艘用电池为动力的潜艇诞生在法国。4年后,美国新泽西州造出了一艘以汽油机为水面航行动力,以蓄电池电力推动在水下航行的潜艇。它成了现代潜艇的鼻祖。

这艘潜艇以发明人霍兰之名命名,长15.84米,宽3.05米,排水量70吨,水面汽油机动力50匹马力,并装有一具艇首鱼雷发射管,携带3枚鱼雷,首尾各置一门机关炮。另一名美国潜艇设计师西蒙·莱克,也研制出一艘双层艇壳的潜艇,用潜艇本身动力系统,从诺福克航行到纽约,首次开创潜艇远航记录。到20世纪初,世界科学技术更发展了,潜艇也就更成熟,战斗力也更强了。到了第一次世界大战前夕,各国总共有260艘潜艇。一个潜艇参与作战的时代,就这样揭开了序幕。

鱼的启示

潜水艇工作的原理其实很简单。潜艇发明家从鱼那里得到了启发,发现鱼是靠体内的鱼鳔来控制沉浮的。鱼在水中的浮力是鱼的身体所排开的海水体积和海水比重的乘积,而海水比重是随着水压变化而变化的。大海越深,海水的压力就越大,比重也越大;为了适应这种变化,鱼鳔就起到调节鱼体比重的作用。鱼要上浮时,鱼鳔就膨胀,体积变大,鱼体比重相应变小,当鱼体比重小于海水比重时,鱼就浮出水面了。当鱼鳔压缩时,体积就小,鱼体比重相对增加,鱼体比重大于海水比重,鱼就下潜了。鱼体比重和海水比重相等时,鱼就停留在水中。

科学家们把鱼体上浮下潜的奥秘应用到潜艇的制造上来。要使舰船上浮下沉,关键就在控制浮力。人们把潜艇的壳体做成双层。外壳是非耐压壳体,里面是固壳,是用耐压钢材焊接而成。这两层壳体之间就是浮力舱,它好比是鱼体内的鳔。当浮力舱注水时,艇体重量增加,超过海水比重,潜艇就下沉了。浮力舱排水充气,艇体浮力增加,比重小于海水,潜艇就浮了上来。潜艇上的升降舵、推进器,就好像鱼的胸鳍和尾鳍,保持了潜艇在水中的各种状态。

潜艇上的浮力舱又叫压载舱,由许多舱室组成,以舱室注水多少来控制潜艇下潜的潜深度。如要速潜时,便打开所有浮力舱的阀门,往里同时注水,潜艇就很快地下沉了。

潜艇有装在艇首的水平舵和装在艇尾的艉水平舵两个舵。当潜艇下潜时,首舵向下倾,而艉舵则向上翘,这样艇首朝下,潜艇便下潜;潜艇上浮时,首舵向上翘,艉舵向下倾,这样艇首就朝上,潜艇便浮了上来。潜艇水平舵的原理,跟鱼体上的胸腹鳍和尾鳍道理是一样的。

常规潜艇的动力有两种。在水面航行时,靠柴油机作动力。当潜水艇在水下航行时,由于它跟水面的空气完全隔绝,这时的动力主要靠蓄电池来提供电动机的电源,所以潜艇上装有数百块电池,分成组,藏在底层舱里。当电池快要用完时,潜艇就得浮出水面,改用柴油机作动力,同时给电池充电,为下一次水下航行准备。由此,不难看出,因为受到电池电能的限制。常规潜艇一个最大的弱点就是不能长时间在水下航行。

核能动力

1945年世界上有了核武器。美国有位科学家在报告中预言:原子能有可能成为驱动舰船汽轮机的动力。美国海军机电部的工程师里克弗上校得知后非常兴奋。他想原子能燃烧时不要空气助燃,潜水艇上如果用它代替柴油机,这样潜艇在水下逗留时间就不受限制,那个最易暴露目标的通气管不就取掉了吗?第二天一早,他兴致勃勃地去找原子能专家交谈,探讨自己想法的可能性。1945年的10月,他给美国国防部作战部长和海军部长写信,建议试制船用核动力。

1946年,国防部批准了里克弗上校的建议,并成立了专门研制核潜艇的小组。他们到橡树岭原子能中心学习,开始拟定"原子反应堆研制计划"。但是,原子能中心对他们的设想不感兴趣,不少人认为不可能成功。里克弗看到自己计划有可能落空,万分焦急。他亲自闯进国防部,找作战部长和海军部长汇报,要求海军成立专门机构来领导此项工作。他的建议终于被采纳,成立了军用原子反应堆部,里克弗被任命为部长。从此,科学家在他的领导下,以惊人毅力和巨大热情投入这项创造性的工作。

原子弹利用原子核反应瞬间放出的巨大能量,对目标起杀伤破坏作用。原子弹爆炸时,在裂变反应区里的温度高达几万度,压力高达几百万个大气压。原子反应堆裂变产生的热量和中子撞击核子的速度,都需要人工进行控制和调节;而且裂变要连锁不能中断;放出来有害生物的射线,更要设置保护层以防伤害人体;而裂变产生的热能要把它引导出来推动汽轮机,转动推进器。里克弗面对诸多难题毫不退缩,他集思广益,终于,第一台潜艇用的原子反应堆研制成功了,而其耗时仅短短4

年。

原子反应堆要试运行,里克弗面临最后考验。原子爆炸的威力,非同小可。"胖子"和"瘦子"在日本瞬间把两座城市炸为废墟,10多万人死于非命。原子反应堆会不会爆炸?对这个怪物谁都心中无底。为了安全,不致发生大伤亡,里克弗下令无关人员撤离试验场。他带着一群技术人员留下试车,低速、中速动转基本正常,即使出现几个小故障很快就被排除了。试运行进入最危险阶段。反应堆要高速运转,而且要侧身摇晃,连续运转96个小时。这相当于潜艇在水下以25~30节的航速穿越大西洋。

里克弗亲自按动电钮,反应堆很快加到高速,机声震耳欲聋,周围科技人员无不为之捏了一把冷汗。但里克弗自己昼夜不离现场,观察和记录着各种数据,度过了难忘的96个小时。一切正常,里克弗的理想终于实现了。

"鹦鹉螺号"是由美国海军准将海曼·里克弗领导的美国原子能委员会海军分部和美国通用动力公司研制出的第一艘核潜艇,历时一年半,花费了3000万美元。它长约97米,能载95名船员,体积比以前的潜艇显得庞大;它的航速为20节(国际通用的航海速度单位,1节=1海里/时),比以前的潜艇高出1倍。但它最为重大的改进是采用了艇上的反应堆作为动力系统,不需要空气进行动作;它的铀燃料可维持数年,因此这种新型的潜艇仅仅在非常偶然的情况下才会浮出水面。

1955年1月,在通过了初期测试之后,这艘核动力潜艇驶出新伦敦港,开始了它的处女航。它在水下以平均16节的时速连续航行了1381海里到达波多黎各,创下了当时潜艇的时速和距离两大新纪录。3年后,潜艇指挥官安德森驾驶"鹦鹉螺号"又创下了另一个世界第一:这艘核动力潜艇在约10米厚的冰下,从阿拉斯加的巴罗角盲航到达北极下面的格陵兰海。在最初的 4 年半里，它总共航行了 15 万海里，其中水下航行 11 万海里，其间只添加过两次燃料。

从此，潜艇的历史揭开了新的一页。美国除有原子弹外，又多了一张武器王牌。

威力无比

核潜艇反应堆体积大，吨位重，因此它的排水量大，最小也有 3000 吨。它的潜水深度一般都在 300 米左右，各方面都优于常规潜艇。美国第一代核潜艇的攻击能力比常规潜艇大大地提高了。艇首装有 6 具鱼雷发射管，艇尾还有 2 具。

美国人害怕这张王牌被别人抢去，失掉核潜艇这个优势。于是，他们在第一代核潜艇的基础上，先后改进了 200 多个项目，至目前已发展到第五代核动力潜艇。科学家们把最先进的声呐、通信设备和电脑系统应用到核潜艇上来，使它们成为航速快、潜水深、威力大、耳目灵的水下杀手。

导弹是战争的主要攻击武器。美国科学家集中力量，突破了水下发射导弹的难题，在第四代"鲟鱼"级潜艇上，安装了水面和水下都能发射的导弹武器。接着又成功地从鱼雷发射管里发射导弹。

美国兵器专家又集中力量研究从核潜艇上发射巡航导弹和弹道导弹。做到一箭多弹头，每个弹头都带核战斗部，只需一艘核潜艇，就具备足以摧毁敌国的核基地和大城市的威力。

"乔治·华盛顿"级就是战略型潜艇。它配有北极星导弹 16 枚，核战斗部 60 万梯恩梯当量。它的射程可达 4600 千米。这种核潜艇还可以发射射程 10000 千米的"海神"导弹。毋庸置疑，它成了威力可怕的深海超级杀手。

"金无足赤",核潜艇具有其他兵器无与伦比的优势,但也存在着一定的弱点。它的个头大、马力足、噪音也大,容易被敌人发现。在今天反潜兵器迅速发展的情况下,这个"深海超级堡垒"也面临着对手的攻击。然而核潜艇还在不断发展,它变得更加神出鬼没。20世纪80年代末期,前苏联还率先研制出壳体采用钛合金的隐形潜艇。科学家们又全力研究"安静"型潜艇,声呐系统更先进,更灵敏,能及时发现对方的隐形潜艇。最近,美国科学家又开始装备一种"魔士",一旦核潜艇受到攻击,"魔士"就会脱离核潜艇本体,高速穿行于水下,同时发出虚假的螺旋桨噪音,巧妙地引诱追踪舰艇和反潜飞机,从而使潜艇本身得以逃脱。

由于核潜艇具有显而易见的优越性,各国都纷纷致力于这种真正的潜艇的研制和发展。几十年来,核潜艇在性能、装备等方面又有了新的变化。这种能在水下长期隐蔽而不被发现的攻击型战略核潜艇,已经构成当今几个主要核大国保持战略核威慑能力的重要组成部分。电脑系统应用到核潜艇上,使它们成为航速快、潜水深、威力大、耳目灵的水下杀手。

轮船

"长风破浪会有时,直挂云帆济沧海。"轮船问世后,万里海岸线不再漫长。有了它,人类搏击在万里海疆,如虎添翼。

轮船制造

1739年,瓦特的蒸汽机研制成功以后,一些人想到把它用到船上。

法国青年发明家朱弗罗·达万于1780年建造轮船航行成功。

1785年,美国的约翰·菲奇(1743—1798年)制作了一只轮船模型,然后立即开始造船。1787年,菲奇把蒸汽机用作船舶的动力,建成了轮船,首次试航取得了成功。随后,装有桨轮的轮船在费城到巴尔的摩之间开辟了定期航线。这时轮船的时速约12公里,但菲奇并不满足,他又建造了和现在一样的装有螺旋桨的轮船。可是,这只船在组装时就被毁坏了。

菲奇为此耗尽了研究经费,他跑遍美国到处化缘,却找不到支持者,他又跑到法国四处游说,结果是空手而归。原来的投资者撤回资金,致使菲奇陷入困境,在走投无路的情况下,菲奇绝望了,终于在1798年服安眠药自杀身亡。

从时间上看,菲奇制造轮船要比另一个美国轮船发明家富尔顿的"克莱蒙特"号船早20年造成;从船速上看,菲奇的轮船每小时平均12

公里,"克莱蒙特"号船速为每小时五六公里。但是,菲奇却成为一个失败者,他的名字也早被人们遗忘。

进行科学研究,失败是不可避免的,探索者在经过多次失败之后,可能会成为这个特定问题的专家,如果探索者心理上承受不了暂时失败的打击、压力和痛苦,产生了绝望情绪,就不可能是成功者。富尔顿也经受了一次次失败的打击,但他顽强地挺过来了,他终于成为一个成功者。

矢志不渝

富尔顿,1765年出生于美国宾夕法尼亚州兰开斯特城的一个贫苦农民家里。他很小的时候,父亲就去世了。因为家里穷,他9岁才上学,只读了几年书,就到珠宝商店当学徒去了。14岁时,他又在一位制枪匠那里学习气枪制造技术。

富尔顿常划着小船到河中玩耍,有一天,他发现自己的双脚在水中动,推动了船儿游动。他明白是自己的双脚起到了长桨的作用,爱动脑筋的富尔顿想:用双脚总不方便,如果用手来摇动一个在水中转的轮子,不也可以前进吗?还可以不划桨,能省多少力气呀!富尔顿真的动手干起来,他在船尾部装了一个可以转动的轮子,用手摇动,船就向前滑行了。富尔顿可高兴啦!不过,他还不满足,他想要是用工厂里面那种蒸汽机来带动桨轮,船一定会游动得更快。

富尔顿从小还十分喜爱绘画,一边学画,一边在一家机器厂做机械制图工作。深造学画的同时,他对轮船的兴趣始终不减。除了学画,他把主要精力都用于钻研科学技术。他发明了大理石锯割机、纺麻机、麻绳搓编机等新式机械。在日常的经历和实践中,他学到了许多书本上学不到的东西。更为幸运的是,他还结识了发明蒸汽机的瓦特,两人甚至成了朋友。瓦特常给他讲自己是怎样改进蒸汽机的,富尔顿听得津津有味,很受启发。他把全部精力都投入轮船的发明中去,投入到从小就萌发的那个梦一般的理想的实现中去。

18 世纪末 19 世纪初,英法对峙。1798 年底。英国又鼓动俄国、奥地利等国重新参加反法战争。为此,拿破仑积极准备渡海攻英。但拿破仑对蒸汽机轮船一无所知,根本不相信"用开水能推动船",他甚至把富尔顿看成一个招摇撞骗的人,大声嚷嚷着把富尔顿赶出了办公室。

富尔顿碰了壁,但幸运的是,他的设计引起了当时在场的美国驻法国公使利文斯顿的注意,而他也着迷于轮船发明。

利文斯顿找到富尔顿畅谈良久后,对富尔顿的想法和设计很感兴趣,决定支持富尔顿试制蒸汽船,并使富尔顿在轮船制造上获得了可靠的经济后盾。

1803 年,富尔顿建成了一艘长 70 英尺、宽 8 英尺的大轮船。试航的日子定在 8 月 10 日,地点就在塞纳河。他和妻子、利文斯顿,还有许多支持他的朋友,以及一起造船的工人兴奋而焦急地等待着试航这一天的到来。他们仔仔细细地对船的各个角落都进行了检查,生怕试航时发生意外情况。但是,意外的发生却不是在试航中,而是在试航前。8 月 9 日晚上,一阵狂风恶流突然袭来,把轮船拦腰截成两段,眨眼间船便沉入了河底,而当时的蒸汽机太重也致使沉船。

多年的心血毁于一旦,怎能不叫人心痛?风平浪息了,富尔顿站在河岸上望着滔滔河水,他哭了,多年来的努力、多年来遭受的辛苦就这样转眼间付诸东流。

几度风雨,几度春秋,富尔顿擦干泪水,决心继续努力。

大显神威

1807年,富尔顿举家回到了美国。他面对挫折,没有灰心丧气,而是重新振作精神,又筹措资金、人员,重新设计造船。不久,在美国纽约的哈得逊河上,他造起了另一艘轮船,名为"克莱蒙特"号。

这艘船没有人们习惯看到的橹,在船体两侧各有一个大水车式的轮子;它也没有令人熟悉的帆和桅杆,只是矗立着一个冒黑烟和火星的大烟囱,而且它很大,长达40米……它像一个庞然大物停泊在哈得逊河上。这可成了纽约街头巷尾的特大新闻,人们谁也没见过这样的怪船。

富尔顿在对"克莱蒙特"号做了全面细致的检查后,决定于8月17日在哈得逊河上试航。为了宣传轮船的威力,他邀请了各界人士前来观赏,许多人也正想亲眼看看这怪船到底会发生什么怪事,所以也都不请自来,等着看新鲜事。轮船还未试航,岸边已是人声鼎沸,热闹非凡。

试航时间快到了!"开船!"富尔顿一声令下,船体缓缓离开船座向河中滑去。"轰轰轰",由富尔顿设计、瓦特亲手制造的发动机响起来了,两侧的水轮拍打着河水,"克莱蒙特"号航行开始了。岸上的人们顿时看得惊呆了,他们欢呼起来,纷纷和船上载的客人招呼。船上的人们,随着船的航行,一路浏览了两岸美丽的风光;而岸上的人呢,则发狂一样地紧跟着行驶着的轮船奔跑、追赶,仿佛在庆祝盛大的节日。

32小时后,"克莱蒙特"号胜利到达了预期目的地,从纽约抵达相距240千米的哈得逊河上游小城阿尔巴尼。而以前的人力风力船航行这段路程,即使赶上顺风的好天气,也要行驶48个小时。"克莱蒙特"号理所当然地赢得了它应有的位置,成了哈得逊河上的定期班轮,来往于纽约与阿尔巴尼城之间。

富尔顿真的成功了,儿时的梦幻终于成为现实,还有什么比这更令人高兴的呢?

富尔顿的成功,也使人们深深认识到了轮船的威力,它正式揭开了航运史上轮船时代的序幕。因此,尽管在富尔顿之前造轮船的人,有菲奇、薛明敦等不下 10 人,但世界公认的轮船发明人是富尔顿,他是理所当然的"轮船之父"。

心血凝聚

"克莱蒙特"号试航成功并投入使用后,越来越多的人开始投身轮船事业。

1814 年,英国的亨利·贝尔建造了"彗星号"客轮运送旅客,这是欧洲的第一艘客轮。

1819 年,美国的萨凡纳号轮船横越大西洋成功,揭开了航海史的光辉一页。

但是,蒸汽机需要大量燃料,往往在航行中途煤炭就已耗尽,因此,装有蒸汽机的轮船在起初并没有得到普遍使用。但在以后的 20 年里,蒸汽机动力轮船取得了惊人的进步。英国成就斐然,不久便以此称霸世界。

1836 年,瑞典的埃里克发明了装有螺旋桨的轮船,因为蒸汽机的进步,螺旋桨效果很好,推力很强。因此,螺旋桨船比桨式船快得多。

这以后,更多的人为制造更优秀的船再接再厉,制船技术不断提高,在造船材料的选择上,1843 年人们便使用铁板代替了木板,1879 年,又诞生了第一艘钢船"罗特马哈号"。这艘船得到了很高的评价,从此,人们纷纷建造钢船代替铁船。

1884 年,英国的帕森茨制造了汽轮机。不久,汽轮机成为轮船的发动机。1892年,建成最先使用汽轮机的"达宾尼亚号",以时速34海里(约61公里)的高速一鸣惊人,从此,汽轮机的研究盛极一时,使用汽轮机的轮船层出不穷。

与此同时,还普遍开展了用内燃机代替蒸汽机的研究,使用煤气的燃气机、使用重油的柴油机、使用汽油的汽油机等各种新式发动机,如雨后春笋,相继问世。其中柴油机被认为是最出色的船用发动机。

柴油机不用燃料爆燃方式,而是通过燃烧比较自然地形成推力,因此,很适合推动螺旋桨那样的低转速推进器。此外,柴油机效率极高,而且燃料成本比其他发动机低得多。

因此,从1905年起开始大量制造船用柴油机。1912年,丹麦的"杰兰加号"(5300吨)首次完成柴油机海轮的远洋航行。

柴油机制成后,造船工艺开始向大型化和高速化发展。欧洲和美国之间的竞争十分激烈,这种局面一直持续到"二战"的爆发和飞机的发展。

20世纪四五十年代先后出现燃气涡轮机和核反应堆的船舶动力。造船的材料由木材、铁甲、钢甲,到合金钢、合金铝及塑料等,不仅船体设计越来越符合流体力学原理,而且在造船工艺上用焊接取代传统的铆接。不仅有日益精尖化的水面战船系列,如炮舰、轻型巡逻舰、登陆艇,到巨型航空母舰等,还有功能齐全的各类潜艇,如用于核战争的核潜艇等水下战船系列。民用船只从1886年美国的3200吨油轮,到目前最大的日本"海上巨人"(56万吨级),以及英国颇具特色的气垫船等,无不凝聚着科学家们的心血和汗水。

如今,富尔顿所发明的轮船已子孙满堂,青胜于蓝。各式各样的船已成了人类搏击万里海疆不可缺少的好朋友。

火车

马克思说:"工农业生产方式的革命,尤其使社会生产的一般条件即交通运输工具的革命成为必要。"火车应时运而生,又推动了工业革命的蓬勃开展,成为全世界交通运输的大动脉。

屡试屡败

1803年,英国的一位名叫特列维西克的矿山技师,凭借他丰富的实践经验,造出了世界上第一台轨道式蒸汽火车,这种火车时速8千米,每次可拉10吨货,初试时效果不错。于是,特列维西克申请了专利。可是正式投入使用后,发现问题不少:一是零件经常损坏,二是常闹出轨事故,三是速度慢,比马车快不了多少。结果,没人肯用它。特列维西克心灰意冷,终于失去了信心,把他的发明弃置一边,不了了之。尽管这样,特列维西克仍然应该算是火车之父。这以后,仍有人孜孜不倦地研究特列维西克发明的蒸汽车,并且提出一种看法,认为问题不在蒸汽车本身而在铁轨上,于是改进了铁轨,果然行驶速度有了些提高,但还是不能令人满意。到了1812年,英国人布雷金索夫和摩雷认为,要提高车速,关键要解决火车在铁轨上打滑的问题。他俩提出了一个办法,就是在两条铁轨中间增设一条带齿的轨,在机车的腹部安一个转动的齿轮,让齿轮咬着齿轨前进。实验的结果是车速反而更慢了。

21

这个设计就这样以失败而告终。又过了一年,有个名叫布兰顿的英国人,想出了一个他自认为是绝妙的主意。那就是,在机车的后面附上两只"脚",也就是两根杠杆的装置互相替换着,"叭嗒、叭嗒"学着人推车的动作,推动火车前进。一实验,这办法根本行不通。布兰顿的试验也失败了。

这时,研究火车的人越来越多。乔治·史蒂芬逊在少年时代就以做工谋生,成年后才开始读书。他学习异常勤奋,很快获得了一个机械师所应具备的知识。1814年,他制造了他的第一台机车,时速只有6.5千米。但他将蒸汽活塞的连杆与机车车轮直接相连,省去了毫无必要的飞轮和齿轮,充分利用了车轮和机车的惯性运动。这是机车制造上的一个重大改进。到1821年初,史蒂芬逊担任从斯托克顿到达林顿的铁路工程师,将原来带异向凸缘的"钣轨"改造成适合于带凸缘车轮的机车的车辆形状简单的"边轨"。当他得知有人能轧制出3米长的熟铁铁轨后,就毅然选择了这种不易断裂的熟铁轨。颇为有趣的是,这条长40千米的铁轨建成后,既供机车使用,也供马车使用,而旅客们都愿乘马车。因为机车不仅噪音大,而且速度太慢,甚至还受到了马车夫的嘲笑。对史蒂芬逊的这种机车,至今还流传着一个笑话,说他的机车因鸣叫声过大,在路过一座农民小院时,竟把农家的母鸡惊吓得不下蛋了,史蒂芬逊因此而受到这家农民的控告。

知难而进

没有什么力量能够阻止机车的发展。

面对挫折和各种冷嘲热讽,史蒂芬逊继续埋头钻研机车的改进工作。1825年,世界上第一台客货运蒸汽机车"旅行号"终于在他的设计与指导下制成了。这辆机车比第一辆改进多了。他把汽缸里排出的废气引入烟筒,促进锅炉的通风和燃烧,并且用火管锅炉。这样,既避免了蒸汽被挤出时发出尖声,又增加了火力,使机轮的转动比以前快了两三倍,牵引力也加大了。新车制成后,在英国也是世界上第一条公用铁路的达林顿—斯托克线路上试车。

列车上共有 450 个乘客,列车载重共 90 吨,行进速度达每小时 24.1 千米。这次试制成功了!从此,开辟了陆上运输的新纪元。但是,行驶在这条铁路上的,还不是我们看到的那样的列车,而是用机车和马匹同时拽引的火车。

1828 年,史蒂芬逊设计制造了一种改进的机车,被誉为"火箭"号。在 1829 年的一次著名的试车中,它以每小时 22 千米的平均速度行驶了 96 千米,在满载乘客的情况下,它最快曾达到 46 千米的时速,空载时速近 56 千米,从而证明了蒸汽机车的巨大潜力。"火箭"号的成功依赖于两项关键技术:一是采用了 1827 年 12 月由法国人马克·塞甘发明的管式锅炉,它气压高、热效高而且轻便;二是将排出的废蒸汽用管道引到锅炉烟囱口排出,高速气流形成较大负压,使锅炉得到强有力的鼓风,燃烧效率大大增强。同时,"火箭"号的成功还标志着铁路运输事业的诞生,因为与蒸汽机车相比,马的奔跑速度通常为每小时 46.8 千米。可以说,史蒂芬逊建造的这辆世界上第一台大蒸汽量机车开辟了人类铁路运输的新纪元。其实,当时与"火箭"号进行比赛的还有"新奇"号和"桑土巴里"号,前者设计漂亮,但挂上车厢后,锅炉爆炸了。后者块头儿大,开动时轰轰隆隆,浓烟滚滚,不可一世,但走了约 44 千米,许多零件就掉落,汽缸也破损了。后来,史蒂芬逊又对这种机车进行革新,使它的时速达到了 47 千米。1837 年,曼彻斯特—利物浦铁路建成,首先采用了史蒂芬逊的"火箭号"机车。在这条铁路上奔驰着的列车,第一次完全用

23

火车头来拽引。这样,近代蒸汽机车终于研制成功,铁路运输的优势地位从此得到确认。交通运输史上的新时代来到了。

动脉畅通

由于铁路运输既省时间,又省运费,更能运送大量的和笨重的货物,就像上一个世纪开凿运河的狂热一样,英国迅速地掀起了建筑铁路的狂潮,英国进入了"铁路时代"。继曼彻斯特—利物浦铁路建成后,每年都有新的铁路在设计和开工。仅1836年国会就批准兴建了25条新铁路,总里程大约1609.3千米。1837年曼彻斯特—伦敦的铁路和1838年伯明翰-伦敦的铁路先后通车。此后,在各个工业区和主要城市之间又修筑了许多铁路干线和支线。到1840年,主要铁路干线都已通车。英国铁路疯狂增长的速度令人惊讶。1842年,英国有铁路2988.6千米;1850年,达到10678千米。到1855年,即距利物浦到曼彻斯特首次通车仅25年时间,英国全国实际使用的铁路线已经长达12960千米;1860年以后,更达到16093千米以上了。这样,英国的铁路网逐步形成,英国的交通面貌发生了翻天覆地的变化。

19世纪40年代以后,美、法、德、俄等国也相继掀起修建铁路的热潮。美国1828年开始修建第一条铁路,1830年造出本国产的第一台蒸汽机车,到1869年,铁路线已横贯美国。法国1830年开始筹建第一条铁路,到1847年,国内的铁路干线已达1535公里。德国1835年开始修建第一条铁路,到1845年,国内铁路干线已长达2000公里。瑞典1834年开始修建第一条铁路。俄国从19世纪30年代末开始修建彼得堡到莫斯科的铁路,到19世纪末,全世界铁路总长达65万公里。铁路,终于成为全世界的交通运输大动脉。火车日益风行,使每个国家同世界经济联结成了一个整体。正是这隆隆的火车声宣告了以机器生产为标志的大工业生产体系真正建成。

英国铁路建筑的狂热,铁路网的逐步形成,进一步推动了各个工业部门的发展,特别是更强有力地推动了煤、铁工业的发展,从而增强了英国制造业的垄断力量,并开始建立近代的重工业。铁的产量在1830年是67.8万吨,而到1852年增至271万吨。煤的产量在1800年为1000万吨,1865年增加到10000万吨。在出口上,19世纪30年代以后也有显著的增长。在1830年,出口量是31326万吨,但到1850年,已经增长到81226万吨了。

铁路建筑的狂潮,又引起股票、地皮这一类投机的空前活跃,许多投机者从中获利甚丰。另外,建筑铁路的热风,也引起大量劳动力的需要。直接的原因是由于修铁路推波助澜;间接的原因是由此引起的煤矿业、钢铁业以及其他工业部门的扩大,急需补充大量劳动力。英国的工业资本家虽然从爱尔兰招来大批廉价劳动力,还不能满足其需要。1834年,议会毅然通过《新救贫法》,作为取得劳动力的补充手段之一,把工房中的劳动力驱逐到市场上,以便吸收到厂矿里去。

由于铁路网的形成,工人们更易于到处迁移,易于离开农村到工业城市寻找工作,因而出现了人口大迁移。东英吉利和衰落的南方农业地区,有大量人口涌到北部和中部的工业区。随着工业革命的完成,英国的工人运动也发展到了新的阶段。

蒸汽机车在独霸铁路牵引动力100多年后,又让位于内燃机车、电力机车。铁路也增加新品种——单轨铁路、气垫铁路、磁浮铁路,不过传统的双轨铁路仍然是主体。

当你乘上火车时,请你不要忘记先驱者的努力,特别是不要忘记史蒂芬逊的丰功伟绩。

汽车

汽车是科学家们不断探索和实验的共同结晶,它的发明,在一定程度上缩短了人类时空的距离,对生产生活产生了巨大的影响。

距今 5000 年左右,人类驯养动物积累了一定的经验,在使用陶轮制作陶器的过程中逐渐熟悉了转轮做功的原理后,人们发明了车。但自车发明开始,车的动力皆为畜力,如马、驴、牛等。人们曾尝试用多种牲畜来驾车,速度及稳定性各有千秋,但这种畜力车都有一个共同的特点也是难以克服的弱点,那就是行进速度与持久性有限。

直到 18 世纪蒸汽机特别是 19 世纪内燃机发明后,由机械做动力的汽车终于诞生了。

就像人类的许多发明成果一样,要想准确指出谁是汽车的具体发明者非常困难,它是法国、英国、德国、奥地利、美国等国家一批科学家经不断探索和实验后的共同结晶。不过,1885 年德国人卡尔·本茨制成世界上第一辆内燃机汽车,应当是汽车发展史上的一件具有划时代意义的大事。

研制成功

1769 年,英国瓦特发明蒸汽机后,一个组装火炮的法国工人科诺就开始试制用蒸汽机作动力驱动的车辆。他把一个蒸汽机装到特制的木三轮车上,制成了世界上第一辆蒸汽汽车。尽管这车的蒸汽力量很强,但由于控制系统和操纵系统不完善,一上街,就如脱缰的野马一般,不是碰人,就是撞墙,要不就是热水四溅。法国政府下了命令,禁止科诺进行试验。一项本来可能诞生在法国的发明,就这样被扼杀了。

就在这个时候,其他国家却在积极研制蒸汽汽车。1830年,英国首先制成了蒸汽公共汽车,数量也逐年增加。同时,年轻的德国商人奥托也在研究改良蒸汽汽车。一次,他听说法国人鲁诺阿尔正在研究煤气引擎,他受到启发,便一心扑在制作煤气引擎上。经过无数次失败,终于使试制的引擎模型能够转动了。

试制成功后,奥托和一位叫兰根的机械师合资开了一个制造厂,开始成批生产煤气引擎。工厂的生意十分兴隆。公司还聘请了赫赫有名的引擎专家卡尔·本茨担任总工程师。

这位卡尔·本茨先生不是别人,就是世界著名的汽车公司戴姆勒—奔驰公司的创始人之一。1885年,他将双座三轮脚踏车与按比例缩小的内燃机很好地结合起来,从而制成了世界上第一辆内燃机汽车。这辆车装备一台转速为250转/分的汽油机,单汽缸二冲程,设有火花塞点火装置。无比兴奋的卡尔·本茨先生亲自驾驶着这辆车,围绕着设在曼海姆的工厂转了整整4圈。第二年的1月29日,卡尔·本茨荣获德国皇家专利局颁发的第一辆汽车制造专利。本茨先生的这辆汽车是三轮车而非四轮车,与今天的汽车的一般定义还是有所差别。也是在1886年,戴姆勒—奔驰公司的另一位创始人德国工程师高特利勃·戴姆勒将一辆马车改制成用转速为900转/分的汽油机驱动的四轮汽车,世界上第一辆四轮汽车诞生了。

本茨和戴姆勒先生均历尽艰辛,为汽车的研制成功作出了重大贡献。当时本茨资金紧缺,是他的妻子贝尔塔·林格尔毅然变卖了嫁妆和首饰,才解决了这个难题,使第一辆汽车得以诞生。到了100年后的1986年,国际汽车产业界推举戴姆勒—奔驰公司主办国际汽车百年华诞圣典,并公认本茨和戴姆勒二人为"汽车之父"。确实,从产业的角度考虑,卡尔·本茨先生非常成功。他1887年制造的三轮汽车卖给了法国巴黎的罗杰先生,罗杰先生随后拥有了他在法国独家经营装配这种车辆的权利。过了不久,德国、法国的富人们如果觉得交通不便而要买一辆不用马的马车的话,就可以到曼海姆和巴黎订购一辆。不过,直到20世纪初,汽车对于一般人而言还属稀罕之物。

倾力改进

尽管有了许多改进,但是本茨的汽车还有许多不尽如人意的地方。当时,在大洋彼岸爱迪生的电气公司里,有一个名叫福特的工人正倾其所有,每天下班后,一头钻进自家的一间小空房里,摸索着组装一辆他想像中的汽车。终于在1896年在底特律研制成一种福特T型汽车,并于1908年建立了批量生产汽车的流水线。这种生产线是按泰勒制建立起来的世界上第一条装备生产线。

这是以福特系统命名的著名方法。首先确定一种车型,然后分工生产各种零件,再将多达5000个以上的零件放在传送带上,经站在传送带前的工人之手顺利地组装成汽车。这也叫传送带系统(流水作业)。

工厂按照这种原理布局,运进工厂的原料,仅在4天之内就制成汽车出厂,生产速度相当快。

福特的汽车最初使用凯恩·彭宁顿的汽缸四冲程发动机,具有高压点火系统和温差循环水冷却系统。车上还装有多片式离合器、行星齿轮式变速器、行星齿轮差速器、伞形齿轮式后桥和行星齿轮箱式转向器。它们已成为现代汽车最为传统的核心部件。

汽车行业的空前发展还离不开鲁道夫·狄塞尔与克虏伯合作研制的柴油发动机的广泛应用。这种发动机比汽油机功率大、压缩比高,而且所用重油较为廉价。虽然狄塞尔因对自己的经济前景深感绝望而投海自尽,但他的柴油机却成了20世纪坦克、拖拉机、舰艇和大多数重型机动车辆包括汽车的动力心脏。

驶向明天

第一次世界大战后,汽车获得了迅猛发展,并开始向现代化迈进,速度更快,乘坐更舒适,外形也日益美观大方,还出现了越野汽车、旅游车、载重汽车等适合不同需要的新成员,可从多方面满足人们工作和生活的需要。20世纪60年代以来,随着计算机、激光等高新技术的广泛应用,更给汽车工业的发展带来了巨大的生机,推动汽车工业从生产方式到设计结构等多方面产生变革。汽车从内到外也发生了显著的变化,高速度、省燃料、高自动化的汽车纷纷涌现,座椅的改进及立体声音响、空调器等设备的普遍采用,使汽车的性能趋于完善。此外,太阳能汽车、氢气汽车、无人驾驶智能汽车等新型汽车也相继问世并获得较大发展。

汽车从出现的那一天起,就给人们的生活以重大影响。它让人们享受到了前所未有的快速、舒适与方便,让人们在一定程度上缩短时空的距离。

汽车的出现和发展,直接引发了公路的延伸,如今密如蛛网的公路已将世界各国的城市与城市、城市与乡村紧密联系在一起,汽车通过高速公路更将人带往遥远的地方。可以说,是汽车改变了原野与城镇的面貌,也改变了人们的思想,改变了人们的生活。

汽车的生产是一项系统工程,它的发展促进了机械、电子、能源等许多相关行业的发展与进步,甚至于公路、桥梁的修建和维修、车库、加油站、停车场等已成为现代社会不可缺少的一部分。目前世界许多国家都十分重视汽车工业的发展,有的甚至将其视作自身国民经济的支柱产业。

然而,人们在享受汽车带来的各种"实惠"时,以汽油、柴油为燃料的汽车也让人们尝到了交通、环保、能源、安全等多方面的"苦恼"。最令人揪心的莫过于能源问题和环境问题。在许多城市,汽车尾气已成为人类的一大"杀手"。

在许多人口密集的大城市里,无论是开车的,还是坐车的,没经历过交通堵塞的几乎没有。望着眼前的汽车长龙,那蜗牛般的前行速度着实让人感到很无奈。这一切都源于汽车的快速增长,给公路交通尤其是城市交通带来了沉重的负担,赶不上汽车增长速度的还有停车场的建设。

汽车的增多,也使交通事故的发生率提高。当然,这不能全部归咎于汽车,但毕竟也与汽车有关。目前每年世界上都有几十万人葬送在汽车的车轮下,可以说,每年公路上都在发生着一场惨烈的"战争"。

不仅是水陆两栖汽车,目前世界上许多国家还在研制飞行汽车。可以想象,如果这种既能在地面行驶又能在空中飞行的陆空两用汽车研制成功后,会给我们的生活带来多大变化,至少困扰人们的交通堵塞问题会得到重大改观。

随着人类日益重视保护环境,以及汽车的主要燃料汽油和柴油的来源——石油将面临枯竭,降低汽车的能源消耗,寻找新的洁净的能源,要求汽车低排放甚至无排放已成为许多国家重点攻克的一大课题。太阳能汽车、电池汽车和电动汽车等绿色环保型汽车,自然是未来汽车发展的趋势。同时,为了更安全、更快捷、更舒适,计算机、电子摄像等技术也将进一步引入汽车制造中。可以相信,未来的汽车会给我们带来意想不到的惊奇。

过去的岁月,汽车是我们出行的主要交通工具之一。在未来的岁月里,汽车仍会是我们的主要交通工具之一,以高科技为武装的汽车将搭载人类驶向更美好的明天。

飞机

1903年12月17日,随着"飞行者"1号冲向碧蓝的天空,人类首次实现了自主操纵飞行。人类渴望了千年的像鹰一样自由飞翔的梦想,在这瞬间实现了。

滑翔受挫

古代向往飞行的神话,美妙动听,典雅隽永,激发了人们制造飞行器的兴趣。人们不断地在进行飞行的尝试。一些人模仿鸟类,在身体上插两个翅膀,从山顶和悬崖上向下跳,希望能够像鸟儿一样扇动翅膀飞到天空,但这些尝试均以失败告终,莽撞的结果往往是摔断手脚甚至丧生。可能是受风筝及鸟儿的共同启发,人们终于逐渐明白了:物体在空中运动,虽然会受到来自空气的阻力,但当物体具有特定的形状和角度时,也可以产生把物体向上举的升力,运动的速度越高,产生的升力也就越大。1810年,英国的凯利先生提出了利用机翼产生升力和利用不同翼面的控制来推动飞机的设计思想。而新型动力设备内燃机的出现,使飞机上天的梦想不再遥远。

有了理论基础和物质基础,19世纪末许多国家掀起了飞机研制热潮。1874年,法国发明家唐普尔制造了一架用蒸汽机推动的单翼机,它依靠从滑道滑下产生的加速起飞,离地时间不过一两秒钟。过了10年,俄国人莫柴斯基试飞了自己制造的一架装有蒸汽发动机的单翼机——"埃奥尔",此次虽飞行了 50 米,但很难对其加以完全控制。又过了 10 年,美国人马克西姆的大型模型双翼机也从轨道上升起了几英尺。尽管这些试飞活动都曾离开过地面一段时间,但还不是现代意义上的"飞",或者说它们只是靠一定动力推动的跳跃而已。

1896 年 8 月 12 日,德国著名滑翔机专家利连撒尔在经过 2000 多次滑翔之后不幸失事身亡。就是这一不幸的消息传到了美国,引起了两位年轻的自行车修理工的关注,进而对飞机的发明起到了不小的影响。

美梦成真

1896 年,美国人奥维尔·莱特和威尔伯·莱特两兄弟开始了关于飞行的研究。为了获得经费,他们经营起了自行车生意,在制造和修理自行车的工作中,他俩掌握了大量的机械和力学方面的实际知识。他们吸取前人在飞机制造上不重视理论的教训,学习研究了很多基础理论和航空方面的文献。

同时,他们也十分重视观察和实验,莱特兄弟仔细观察各种鸟在空中的动作,他们发现鸟在转弯时,往往要转动和扭动翼边和翼尖以保持平衡。他俩首先把这种现象与空气动力学原理相结合,并应用到飞机设计上。

从 1900 年到 1902 年,莱特兄弟在两年多时间里试制了翼端卷曲并装有活动方向舵的滑翔机,先后进行了 3 次滑翔实验,测量了风向和气流,记录下详细的数据,揭开了包括空中急转、倾斜滑行和拐弯等一个个飞行奥秘,并一再改进机翼和方向舵的形状结构。这些试验为制造载人动力飞机奠定了理论和技术基础。1903 年,莱特兄弟呕心沥血设计的第一架飞机制造出来了。机翼第一次采用较合理的长条形,其横截面为前缘厚、后缘薄的弯曲型,所以具有较大的升力和升阻比。这架被命名为"飞行者"的飞机关键性的技术突破是操纵面的革新,首次解决了横向稳定及操纵问题。因此,它能绕3个坐标任意改变方向和翻滚,有较好的操纵性能。这架由内燃机驱动的飞机机翼展开面积47.4平方米,发动机功率12马力,机重340千克。

1903年12月17日,是永载史册的一天。这一天上午,"飞行者"号在美国北卡罗来纳州基蒂霍克沙丘上试飞,由弟弟奥维尔驾驶。这一天共试飞了4次,在第一次试飞中,飞机在两三米高的空中飞行了37米,时速48千米,时间12秒;最好的一次不过留空59秒,前进了260米。然而,就是这短暂的12秒,这区区37米,却标志着人类终于成功实现了持续的、有动力的、可操纵的飞行。由动力装置产生前进推力,由固定机翼产生升力,在大气层中飞行的重于空气的航空器——飞机诞生了。从古到今,人类翱翔蓝天的古老愿望终于实现了。

莱特兄弟的飞行表演所产生的影响是难以估量的,他们的成功,打开了人类航空的新纪元,他们制造的飞机以"世界上第一架载人飞行的飞机"载入史册。莱特兄弟俩用毕生的精力为人类的航空史谱写了光辉的篇章。

重视研制

莱特兄弟取得的成功，激励了世界许多国家的发明家们，飞机的研制工作取得了不小的进展。1909年7月25日，一架法国制造的单翼飞机成功飞越了英吉利海峡，让许多普通人都感受到飞机的威力。这一年的9月21日，旅美华侨冯如研制出飞行高度达到210米，时速105千米的飞机，性能更好，显现出中国人的高度聪明才智。

然而，在20世纪初，几乎所有的飞机都是用张线系统、云杉等高级硬木和抹有涂料的蒙布制成的，这一状况到1920年发生了改变，用铝和铜等的合金制造的飞机诞生了。与此同时，一些发明家改进了飞机蒙皮以减少空气阻力和结构的重量，延展了机翼，逐渐提高了飞机性能。航空事业在不断前进，世界上的许多国家都在研究制造飞机。1914年德国飞机出现在第一次世界大战的战场上；1927年美国人查尔斯·林德伯格飞越大西洋；1941年英国人怀特受到墨斗鱼的启发，研制出喷气式飞机；1947年飞机突破了"声障"；1960年，飞机又克服了"热障"；1981年，航天飞机发射成功……

推动飞机的研制突飞猛进的是战争。早在第一次世界大战时，十分简陋的飞机就被派上了用场，人们用它来侦察敌情和运输等项工作。仅过了短短20多年时间，飞机便在战场上大显身手，飞机轰炸对于欧亚许多国家的人都是噩梦般的经历。在第二次世界大战初期，希特勒德军不分昼夜地轰炸，让英国许多城市变成一片瓦砾，英伦三岛的民众饱尝了飞机带给他们的从天而降的痛苦。日本侵略者的飞机同样给中国人民带来了深重的灾难。空军已成为影响战争全局的一个重要兵种，夺取制空权更成为制约战局的重要因素。为了控制和改变战局，不少国家都投入巨大力量研究和制造飞机。几年间,不仅全世界生产了近100万架各种类型的飞机,还使飞机速度越来越快,飞行高度越来越高,配备的火力也越来越强。飞机由于有了武器特别是核武器,也成为凶残的武器。

"二战",给了飞机充分的表演空间,飞机从此深受各方关注。许多先进的科学思想、先进的技术和先进的材料都用在飞机上。现代飞机已在外形、性能等多方面较莱特兄弟研制的飞机发生了重大改变,它集中应用了力学、热力学、喷气推进、计算机真空技术的目标捕获、识别和跟踪、自动控制、全天候飞行及通信、导航等多方面性能大大增强,飞机的作战、机动和生存能力明显提高。同时,飞机的发展,也促进了机械、电子、自动控制等相关行业的进步。以飞机制造为重要内容的航空航天工业的发达程度,反映了一个国家科学技术、国防建设和国民经济现代化的水平。

人们已经生活在航空时代,这个时代是莱特兄弟开辟的。

广泛应用

飞机的发明,是20世纪人类文明高度发展的重要标志,对人类生活产生了重大影响,甚至在一定程度上改变了20世纪的人类历史。

飞机诞生后不久便被应用于军事领域,而且地位越来越突出,在现代化战争中,夺取制空权更为制约战局的重要因素之一。远的不说,在1991年的海湾战争中,以美国为首的多国部队就是因为夺取了制空权,迅速打乱伊拉克共和国卫队的战略部署,完全控制了战局。

飞机用于战争,恐怕是许多飞机的发明者不愿看到的事实,但令他们欣慰的是,飞机在今天的民用领域作用越来越显著。用飞机运送旅客和货物,可以不受地形限制,速度之快更是火车和轮船远不可及的。同时,现代高科技手段的应用,已使飞机飞行相当平稳,噪音大大降低,乘坐颇为舒适。飞机已经成为现代社会中一种不可缺少的交通工具,目前每年有超过 10 亿人次的旅客乘飞机旅行。一些国家还在加紧研制可搭载 1000 名乘客、航程达 1 千万米以上的大型民航飞机。密如蛛网的航线将世界每个角落紧密地联系在一起,地球变得越来越小了,"地球村"的实现指日可待。

此外,飞机还广泛应用于工业、农业、救护、体育、环保、执法等多种领域,如大地测绘、地质勘探、资源调查、播种施肥、森林防火、追捕逃犯等,为提高人类的生活水平作出了巨大贡献。

喷气式飞机

1941年5月15日黄昏,英国空军中尉塞耶在一架轰鸣声中,驾驶着英国的第一架喷气式飞机,冲上了天空。人类"欲与天公试比高"的历史又掀开了新的一页。

函道风扇

亨利·科安达是世界上第一架喷气推进飞机的制造者,他于1887年生于罗马尼亚布加勒斯特。

科安达很早就表现出对航空的爱好。1905年,他在布加勒斯特曾经制造过一个火箭推进器的模型,他一直想利用喷气的反作用力作为飞机的动力装置。在1910年10月的巴黎展览会上,展出了他制造的世界上第一架喷气式飞机,引起了很大的轰动。但它并不意味着它就是20世纪30年代和40年代在德国和英国研制的那种涡轮喷气式飞机。但是,它具有今天被称为"函道风扇"的设计思想。

这架飞机在巴黎展出之后,进行了世界上第一次用喷气动力推进的短暂离地飞行,由科安达亲自驾驶,时间是1910年12月10日。当时,他本来并没有打算飞行,他的计划是检查那台喷气发动机在地面工作的情况。这时,飞机停在巴黎城外的一片空地上,科安达爬进飞机的驾驶座,启动了喷气动力装置,他集中精力调整喷流,没有意识到飞机却在迅速地增速。他抬头一看,发现飞机在急速接近巴黎城墙,此时已来不及停机或转弯了,于是他决定飞起来试试。遗憾的是,他虽然会设计飞机、制造飞机,但对驾驶飞机却是十分的外行,他从来没有驾驶过飞机,没有任何飞行经验。这架飞机好像一头不听话的猛兽,突然急速上升,接着便猛地一下冲向地面。先是左翼触地,接着燃起了熊熊大火。科安达倒并没有困在里面,而是被抛出了这架燃烧着的飞机,这真是不幸之中的万幸。

科安达的发明使地球轰动一时,他制作的这架飞机是世界上第一架喷气式飞机,虽然具有历史意义,寿命却很短促,摔坏之后就再也没有修复。

投入空战

在喷气式发动机(又叫引擎)诞生之后,才使真正的喷气式飞机得以出现,这项发明得归功于英国的弗兰克·威特尔和德国的汉斯·冯·奥海因。

1945年3月18日,一群英国B-17"空中堡垒"轰炸机和B-24"解放者"战斗机从容地飞临德国上空。突然,有37架德国战斗机出现了,它们以难以置信的速度冲刺过来,令人惊讶的是,这些外形光滑呈流水线的歼击机竟然没有螺旋桨。这场遭遇战,英军18架轰炸机遭遇惨败。

这种没有螺旋桨的飞机是怎么一回事呢?

16年前的1929年,年仅22岁的英国皇家空军军官威特尔提出了一种新的飞机推进方法:取消螺旋桨和活塞上擎!他认为这可以使飞机飞得更高更快。当时,人们认为飞机怎么可以没有螺旋桨?这简直不可思议!

而威特尔的设想是，在雪茄形机器上用一台像风车那样的风扇将空气吸入，压缩了的空气用燃料加热，大量的废气以高速排出，成为推动飞机前进的动力。

威特尔将他的设想交给英国空军部引擎顾问审查，希望得到他们的支持，然而却毫无结果。不过有一个人却对威特尔的设想很感兴趣，他便是威特尔所驻皇家空军基地的教官，名叫约翰逊。1930年1月16日，约翰逊叫威特尔把这一设想拿到英国专利局登记，以后几年，他又和威特尔一起四处游说，但没有人感兴趣，于是，喷气发动机制造设想被束之高阁。

1935年1月，此时的威特尔经济上十分困难，连25英镑的专利费也付不出，他只得放弃了。正在这时，有两个商人却专门成立了一家公司来发展引擎，他们当然想把威特尔拉过去，但空军部不愿意，只同意威特尔每个星期为他们工作26个小时，而且有言在先，必须向政府支付产品的商业利益的25%。

此时，威特尔在英国已经克服了技术上的困难，制成了压气机、涡轮、燃烧系统和其他部件，他将这些部件装配起来，像个巨大的低音喇叭。1937年4月12日，威特尔开动了这个引擎，第一次听到了喷气发动机特有的呜呜声，他信心十足，将转速提高到了每分钟2500转，一下子，呜呜声变成了刺耳的尖叫，他急忙关掉阀门，但引擎仍然继续转了几秒钟。到了1938年初，由于长时间工作，使威特尔头痛欲裂，精神几乎崩溃，但他仍然坚持着。经过一年的孤军奋斗，他终于在这一年的4月制成了第二台引擎，但灾难也发生了：开始两小时，涡轮运转很正常，到每分钟13000转时，引擎破碎了！威特尔感到十分沮丧，因为他已没有钱再造另一台了。

欧洲战争从1939年开始了。如果英国政府一开始就支持威特尔，这时很可能就占尽了空中优势,但英国当局没有理会他。幸运的是,正在威特尔走投无路时,空军部给了他一份合同,要求他制造出供飞机使用的轻型引擎。

1940年,7月份的时候,威特尔的引擎已能正常运行,它的推力足以推动一架小飞机了。1941年5月15日的黄昏,当试飞员爬进这架狭窄的飞机座舱后几秒钟,这架银光闪闪的小飞机就在云端发出尖锐的鸣声了。随后,另一架飞机飞往哈特菲尔机场请丘吉尔首相检阅。

而一个23岁的德国人奥海因的思想与威特尔相仿。早在1934年,奥海因在德国哥廷根大学读物理学研究生时,便自己设计引擎草图,1939年初将引擎制造好。这年7月,他兴高采烈地向希特勒介绍这种喷气式引擎,但希特勒并不欣赏。看来只有先斩后奏以事实说话了。于是他开始秘密制造喷气机。

1942年7月18日这架飞机首次飞行,到1943年底已经投入大规模生产。终于,这种飞机引起了希特勒的兴趣,但他要求改为轰炸机,希特勒这个愚蠢的命令浪费了宝贵的10个月时间,这10个月却使盟军得以控制了诺曼底的上空,为1944年6月开辟第二战场的登陆打下了基础。后来,德国空军终于采用了Me-262飞机,它的速度比盟军战斗机快,而且能爬升得更高,然而,为时已晚,德国已到了濒于崩溃的地步,战争过了不到两个月便宣告结束了。

由于英国和德国的官僚们都反对这种"没有螺旋桨的飞机"的设想,因此,喷气式飞机没有能正式参加第二次世界大战,一直到朝鲜战争,喷气式飞机才开始投入实战。

1948年,英国政府公开承认了威特尔的贡献,并对他封爵行赏。此后,世界上许多国家、城市、大学和专业团体都纷纷把奖章、奖金和荣誉学位颁赠给他,以表彰他的杰出贡献。

第二次世界大战以后，奥海因也移居美国，他先在俄亥俄州的赖特-帕特森空军基地担任喷气式飞机设计工作，后来又转到大学任教授。

1965年，两位喷气式飞机的发明者——威特尔和奥海因终于在美国纽约见面了，这是他们第一次见面，从此他们便成了一对好朋友。

1991年10月，美国政府为他俩颁发了美国工程师最高奖——德雷伯奖。

技术突破

20世纪60年代初，航空动力装置取得了新的突破，飞机的结构、外形、材料也相应得到了发展，操纵性能和可靠性大大提高，喷气式飞机进入到了第二代。加力燃烧室的出现是喷气动力装置的第一次突破，利用这种喷气发动机，飞机的速度首次突破音障，时速达到了1300千米。但是，这种发动机仍有耗油多、经济性差、噪音大等弱点。1960年，美国普利特·惠特尼公司研制成功了JT3D和JT8D涡轮风扇发动机，为第二代喷气飞机的产生提供了先进的动力装置。同时，机身越来越光滑，机翼面积减小，翼型变薄，使飞机的阻力减小，并且采用钛合金和不锈钢坐飞机的蒙皮，以抵抗高速飞行所产生的高温。

20世纪60年代末，喷气式飞机开始进入了第三代，即现代飞机阶段。第三代喷气式飞机的动力装置主要是向增加推力、降低耗油量、减少噪音、减少排放废气污染、增加寿命的方向发展，出现了能满足上述要求的高函道比涡轮风扇发动机。作为超音速的现代飞机，既要在超高速巡航飞行时有尽可能大的升阻比、尽可能小的阻力，又要在低速飞行时具有良好的操纵性。为了做到这一点，后来出现了三角翼鸭式、可变后掠翼有尾型、三角翼无尾型等新型飞机，同时还先后出现了翼梢小翼、环量控制机翼、适应式机翼、梯形翼、斜机翼等新翼型，使飞机的气动布局得到很大的改进。当然飞行难度也增加了，因此现代飞机都离不开电子计算机，只有借助计算机，驾驶人员才能掌握现代飞机飞行。飞机的钣金结构也逐渐被整体结构和蜂窝夹心结构所代替，这些新结构不仅使飞机重量大大减轻，强度也大大提高了。

超音速飞机

20世纪40年代中期,飞机的动力装置从活塞式发动机向喷气式发动机发展,飞机结构设计得到重大改进。这些,使航空领域产生了一次重大的突破——飞机飞行速度超过音速。

喷气动力

飞机在第二次世界大战的战场上,起着举足轻重的作用,而速度的大小,又直接影响了飞机的战斗能力。当时的战斗机,最大时速在700千米左右。这个速度已经接近活塞式飞机飞行速度的极限。例如美国的P-51D"野马"式战斗机,最大速度每小时765千米,大概是用螺旋桨推进的活塞式战斗机中飞得最快的了。必须增加发动机推力才能进一步提高飞行速度,但是活塞式发动机已经无能为力。

"二战"末期,德国研制成功Me-262和Me-163新型战斗机,投入了苏德战场作战。这两种都是当时一般人从未见过的喷气式战斗机,前者装有2台涡轮喷气发动机,最大速度870千米时,是世界上第一种实战喷气式战斗机。后者装有1台液体燃料火箭发动机,最大速度933千米时。

紧接着前苏联的米高扬设计局很快研制出了伊-250试验型高速战斗机。它采用复合动力装置,由一台活塞式发动机和一台冲压喷气发动机组成。在高度 7000 米时,可使飞行速度达到 825 千米时。1945 年 3 月 3 日,试飞员 A.N.杰耶夫驾驶伊–250 完成了首飞。随后,伊–250 很快进行了小批量生产。

同样的复合动力装置也装在了苏霍伊设计局研制出的苏–3 试验型截击机上,1945 年 4 月又出现了苏–5,速度达到 800 千米/时。另一种型号苏–7,除活塞式发动机,还加装了液体火箭加速器,可在短时间提高飞行速度。拉沃奇金和雅科夫列夫设计的战斗机,也安装了液体火箭加速器。但是,用液体火箭加速器来提高飞行速度的办法并不可靠,其燃料和氧化剂仅够使用几分钟,而且具有腐蚀性的硝酸氧化剂,使用起来也十分麻烦,甚至会发生发动机爆炸事故。在这种情况下,前苏联航空界中止了液体火箭加速器在飞机上的使用,全力发展涡轮喷气发动机。

首创成果飞机速度的提高依然困难重重。最大的拦路虎便是"音障"问题。所谓音障,是在飞机的速度接近音速时开始产生的,这时飞机受到空气阻力急剧增加,飞机操纵上会产生奇特的反应,严重的还将导致机毁人亡。涡轮喷气发动机的研制成功,冲破了活塞式发动机和螺旋桨给飞机速度带来的限制,但却过不了"音障"这一关。

奥地利物理学家伊·马赫曾在 19 世纪末期进行过枪弹弹丸的超音速实验,最早发现了扰动源在于超音速气流中产生的波阵面,即马赫波的存在。他还将飞行速度与当地音速的比值定为马赫数,简称 M 数。M 小于 1,表示飞行速度小于音速,是亚音速飞行;M 数等于 1,表示飞行速度与音速相等;M 数大于 1,表示飞行速度大于音速,是超音速飞行。

声音在空气中传播的速度,受空气温度的影响,数值是有变化的。飞行高度不同,大气温度会随着高度而变化,因此音速也不同。在标准大气压情况下,海平面音速为每小时 1227.6 千米,在 11000 米的高空,是每小时 1065.6 千米,于是科学家采用了马赫数来表达飞行速度接近或超过当地音速的程度。

各种形状的飞行物体,在速度接近或超过音速时,受力情况怎样?众多的空气动力学家和飞行设计师们集中力量攻克了这个课题。

我国著名空气动力学家、中国科学院院士、北京航空航天大学名誉校长沈元教授,当时在探索从亚音速到超音速的道路上,作出过突出的贡献。

1945年夏天,沈元以博士论文《大马赫数下绕圆柱的可压缩流动的理论探讨》通过了答辩,在伦敦大学接受了博士学位。他的论文用速度图法,证实了高亚音速流动下,圆柱体附近极限线的存在。他从理论上和计算结果上,证实了高亚音速流动下,圆柱体表面附近可能会出现正常流动的局部超音速区。

这就意味着,只有在气流马赫数增加到一定数值时,圆柱体表面某处的流线,才开始出现来回折转的尖点,这时正常流动就不复存在。这一研究结果显示了在绕物体流动(如机翼)的高亚音速气流中,如马赫数不超过某一定值,就可能保持无激波的、含有局部超音速区的跨音速流动。它针对当时高速飞行接近音速时产生激波的问题,从理论上揭示出无激波跨音速绕流的可能性。

沈元的这项研究,第一次从理论计算上,得出高亚音速绕圆柱体流动的流线图,得出它的速度分布,以及在某一临界马赫数以下,流动可以加速到超音速而不致发生激波的可能性。通过这方面的研究,可以掌握高速气流的规律,了解飞机机体、机翼形状和产生激波阻力之间的关系,探索是否可能让飞机在无激波的情况下接近音速,从而为设计新型高速飞机奠定理论基础。这是一项首创性的成果,对当时航空科学在高亚音速和跨音速领域内的发展,起到了一定的推动作用。

突破"音障"

面对重重困难,科学家们进行了无数次的研讨和实验。结果发现,超音速飞机的机体结构同亚音速飞机大有不同:机翼必须薄得多;关键因素是厚弦比,即机翼厚度与翼弦(机翼前缘至后缘的距离)的比率。对超音速飞机来说,厚弦比就很难超过5%,即机翼厚度只有翼弦的1/20或更小,机翼的最大厚度可能只有十几厘米。而亚音速的活塞式飞机的厚弦比大概是17%。

超音速飞机的设计师必须设计出新型机翼。这种机翼的翼展(即机翼两端的距离)不能太大,而是趋向于较宽、较短,翼弦增大。设计师们想出的办法之一,是把超音速机翼做得又薄又短,可以不用后掠角。另一个办法是将机翼做成三角形,前缘的后掠角较大,翼根很长,从机头到机尾同机身相接。

美国对超音速飞机的研究,集中在贝尔 X-1 型"空中火箭"式超音速火箭动力研究机上。X-1 飞机的翼型很薄,没有后掠角。它的动力采用液体火箭发动机。由于飞机上所能携带的火箭燃料数量有限,火箭发动机工作的时间很短,因此不能用 X-1 飞机自己的动力从跑道上起飞,而需要把它挂在一架 B-29 型"超级堡垒"重轰炸机的机身下,飞到高空后,再把 X-1 飞机投放下去。X-1 飞机离开轰炸机后,在滑翔飞行中,再开动自己的火箭发动机加速飞行。

1946 年 12 月 9 日,X-1 飞机第一次在空中开动其火箭动力试飞。

1947 年 10 月 14 日,美国空军的试飞员查尔斯·耶格尔上尉驾驶 X-1 飞机完成人类航空史上这项创举,耶格尔从而成为世界上第一个飞得比声音更快的人。耶格尔驾驶 X-1 飞机在 12800 米的高空,使飞行速度达到 1078 千米时,相当于 M1.015。

在人类首次突破"音障"之后,研制超音速飞机的进展就加快了。以美国和前苏联为代表,各国在竞创速度记录方面展开了竞争。

展翅高飞

历史在发展,社会在前进。随着世界大战的结束和国际关系的缓和,超音速飞行技术也越来越多地应用于各种非军事性其他方面,如英、法联合研制的"协和"式超音速旅客机,就已经在飞越大西洋的航线上营运了十几年,能以最大巡航速度 N2.04 飞行。前苏联也研制生产了图–144 型超音速旅客机,但由于技术问题,只在航线上飞行了一段时间,便从客运市场上退出。美国、前苏联还曾经分别研制出超音速的轰炸机。1997 年 10 月 15 日,英国设计师研制的超音速汽车,首次实现了陆地行车超过音速的创举。

展望未来,超音速飞机将载着人类,以超音的速度,飞向和平的彼岸和幸福的明天。

电报

从画坛奇杰到发明电报，莫尔斯艰苦奋斗十余载，揭开了人类通信史上新的一页，为信息的迅速传递作出了卓越的贡献。

反复实验端倪初露

人们很早以来就知道声音可以由一个地方传到另一个地方。而真正萌发通过电线可以把文字由一个地方传到另一个地方的想法，则是在电被发明之后。

1634年，德国的柯尔最早提出了利用文字符号进行远方通信的方案，这是一个伟大的设想。

1750年，静电起电器研究盛行的时候，也有人设想利用静电起电器进行远距离的信号传递。1774年，莱·塞奇将24条导线并列起来，每根导线的两端都接上小验电器，如果有电流流过导线，验电器的小球就产生动作，若将24条导线按顺序分别表示不同的字母，那么在一端接通B导线时，在B导线的另一端的验电器小球即动作，这样B字母这个信号就被传递出去了。但是，这种装置所用的电要用莱顿瓶贮存，笨重麻烦，不能实用。

1792年，法国的夏普发明了一种不用电和磁的另外一种通信机——臂板信号机，但它却不够清楚明确。当时还有一种所谓的"反光信号机",这是一种用镜子反射太阳光线的装置。将这种装置间隔地布置起来即可进行通信联络,但它在军事上用得较多,并没得到推广。德国生物学家萨莫林仿效以前莱·塞奇通信机的方式,在600米长的距离间并列布置36根导线,一根导线传送一个字母或一个数字信号,在导线的一端连接一个信号发送装置,另一端连接一个信号接收装置。莱·塞奇通信机的电源是莱顿瓶,而萨莫林通信机所用的电源是1800年新发明的伏打电池,因而被认为是世界上最早的电信实验。

1820年,丹麦的奥斯特发现位于通电导线旁的磁针有偏转,他据此发现了电的磁力作用。1823年,法国的安培将这一原理应用于他所研制的电信机中,但他要用30个磁针和60根导线,结构复杂,不能实用。

1832年,俄国外交官许林格运用奥斯特的电磁学理论,按照安培提出的"应用电磁效应传递信息"的设想,设计了一种编码式电报机,只用8根导线,就可传送全套俄文字母和10个阿拉伯数码。这种电报机在彼德堡进行了试验。试验结果表明,他的电报机比之以前的进了一大步,但仍然需要不少的导线。

那么,能不能再进一步减少导线数量,只用两根,甚至一根导线(另一根用人地做回路)来传递信息呢?美国的画家莫尔斯用行动给了人们肯定的回答。

发明电报

莫尔斯是一个画家。他擅长于风景画,有时也画人物肖像。他的画优美高雅,很受美国人喜爱。1829年他被选为全美美术学会会长,声誉响遍美国画坛。莫尔斯春风得意,继续攀登艺术高峰。不料在他41岁那年,一件偶然的事,改变了他的后半生。

1832年秋天,莫尔斯访问法国、意大利后,搭乘"萨利号"邮轮返回美国。在船上,他看到一个年轻人查尔斯·杰克逊正在为大家表演"魔术"。杰克逊在桌子上放了一块马蹄形的铁块,上面密密麻麻地缠着绝缘铜丝,旁边放着电池和铁钉。铜丝一通电,那马蹄铁仿佛有了一股无形的力量,把铁钉牢牢吸住;电源一切断,铁钉立即从马蹄铁上掉下来,那股无形的力量也马上消失了。

杰克逊望着惊奇不已的观众,激动地说:"这就是电流的磁效应。当电流通过线圈,电就转化为磁,马蹄铁就产生了磁性,所以吸引了铁片……现在,电的应用时代已经到了。电的力量很大,传递的速度很快,它能传递信息……"

莫尔斯称赞不已,他回顾到通信工具的落后所带来的信息不畅时,发明创造的念头在心中油然而升。

回到美国,莫尔斯就丢开画笔,全身心地投入到电报的研制中去。因为他对电学一窍不通,所以一切都必须从零开始。他到处搜集有关电学研究方面的书,读了一本又一本,写了一本又一本的学习笔记。由于他刻苦地学习,很快便掌握了电磁学有关理论。他把画室变为实验室,整天与磁铁、电线打交道,一次次的实验,一次次的失败,使莫尔斯钱财耗尽,贫病交迫,生活十分潦倒。

他逐渐掌握了电学知识,学会了制造电报机的手工技艺,了解了他人研制电报机的情况。

1937年的一天,莫尔斯接通电流后,望着"啪啪"作响的电火花,陷入了沉思,脑海里展开了丰富的想像。突然灵感来了:电火花是一种信号,没有电火花也是一种信号,没有电火花的时间间隔长,这又是一种信号。三种信号有各种不同的组合,每一种组合代表一个数字或一个字母。这样只要用一根电线,通过接通或切断电流,就可以把信息传到另一端。

莫尔斯终于找到解决如何用电信号表示数字和字母这一关键问题的方法,为此他激动不已。莫尔斯的这一构思是这样的,只用两根导线(电报电流从一根导线流出,再从另一根流回来),靠"接通"或"断开"电路的方法,借助于"点"(接通电路的时间短)、"划"(接通电路的时间长)和"空白"(断开电路)的不同组合,来表示各种字母、数字和标点符号(简称"字符")。例如,用一点一划表示英文字母"A",用五个点表示阿拉伯数字"5"等。这就是至今还在沿用的"莫尔斯电码"。

莫尔斯发明电码时,在点、划的编排上费尽了心机。各个字符除在"点"与"划"的组合上有规定外,点和划的长短,以及间隔的大小,都有严格的时间比例。点与划的时间长度为1:3;点与点、点与划、划与划之间的间隔等于1个"点"的时间;每个字符之间的间隔等于3个"点"的时间;字与字之间的间隔为5个"点"的时间。假如,发送一个"点"的时间为1毫秒(千分之一秒),发送一个"划"的时间则为3毫秒;各字符之间需留出3毫秒的间隔;字与字之间要停顿5毫秒的时间。只有严格遵守这些时间比例,才能准确地发、收电报。他对报刊上的常用字做了大量统计,还向印刷工人请教,把最简单的电码组合,分配给日常生活中最常用的英文字母,如字母"a"用"·—","e"用"·","t"用"–"等。而Z、Q、J等不常用的字母,则用较复杂的组合表示。

1837年,46岁的莫尔斯以顽强的毅力,克服了重重困难,终于用自己的双手,成功地制造了世界上第一台传送"点"、"划"符号的机器,并起名为"电报机"。尽管这台机器设备简陋,通报距离只有13米远,但它是人类通信史上一台前所未有的电气通信工具。莫尔斯关于用电传递信息的理想,终于变成了现实。

道途曲折

电报机要投入实际应用,必须架设长距离的电线,添置一系列的电讯设备,这需要一笔巨款,莫尔斯无力承担这笔费用。

莫尔斯带着改进后的发明,来到华盛顿,向国会提出建立一条华盛顿至巴尔的摩之间的实验电报线路的议案,要求拨款 3 万美元。然而,国会辩论却否决了这项提案。

莫尔斯并不是轻易就被困难吓倒的人。他一面靠卖画度日,一面用挣来的钱继续改进电报机。为了加大通报距离和收报的灵敏度,莫尔斯经过反复试验,增加了电磁线圈的圈数,亲手改制出了一台性能良好的电报机。原先的电报机,是用手控制电池接点开合,以达到控制电路通断的目的,后来改用电键来发报。起初,收报是用铅笔尖在纸条上画出点、划符号,后来改用墨水滚轮来印录。其方法是:平时让滚轮浸在墨水缸中,发来电报时,滚轮在收报电磁铁带动下,与移动着的纸条接触,于是纸条上就留下了墨汁。

1842 年,美国国会通过提案,决定为莫尔斯的发明提供试制经费。莫尔斯欣喜若狂。他立即赶到华盛顿,并以巨大的热情指挥着施工。1843 年,在莫尔斯的组织领导下,从华盛顿到巴尔的摩之间建成了美国第一条电报线路(架空明线),全长 64.37 千米。

1844 年 5 月 24 日,莫尔斯心情激动地坐在华盛顿国会大厦联邦最高法庭会议厅中,右手紧握电键,当着众人的面,用他改进后的电报机——"莫尔斯电报机"向 40 千米外的巴尔的摩发出了历史上第一份长途电报:"上帝创造了何等的奇迹!"

试验成功了,人类通信史上揭开了新的一页。电报终于诞生了。莫尔斯艰苦奋斗 12 个春秋,终于迎来了胜利,实现了用电传递信息的愿望。莫尔斯的发明迅速地传遍了全世界。不久,纽约至波士顿、多伦多至纽约、费城至彼得斯堡、纽约至蒙特利尔的有线电报线路纷纷建成。

英国和其他西欧国家的有线电报线路也相继架设起来。

1846 年,英国建立起第一家电报公司。美国、德国等也纷纷成立电报公司。

渐渐地,电报声响遍世界各大城市。电报从此代替了古老的、传统的通信工具。

电话

作为远距离信息交流的主渠道之一,电话从产生之日起,便迅速地发展起来,将人们带进了一个便捷、美妙的通讯世界。

导线传声

在被称为信息时代的当今,电话是最重要的通讯工具。而电话,是跟一个名叫贝尔的美国人联系在一起的。

贝尔于1847年生于爱丁堡。医学院毕业后跟父亲一起教了两年的聋哑儿童,后来便成了波士顿大学的发声生理教授。除了教聋哑人外,他还致力于声学研究和电光传声研究。那时,正是莫尔斯发明电报不久,电报成了当时人们最感兴趣的新潮玩意儿,贝尔也跟许多人一样,对电报着了迷。

1873年的一天,贝尔与助手沃特森正在试验一种新型电报机。在这种电报机上可以互不干扰地同时拍发几份不同的电报。他们两个分开在两个房间。偶然间,他发现当电路接通或断开时,螺旋线圈就会发轻微的噪声,于是他产生了一个念头:空气使薄膜振动而能发出声音,那么,如果用电使薄膜振动,人的声音不就可以凭借电流传送出去了吗?而在另一端,安装一个同样的装置用电流让铁片振动起来,不就可以发出声音了吗?

贝尔按照这一设想,与沃特森立即动手试制起来。他们在波士顿近郊租了几间房子,作为实验室和卧室,夜以继日地干开了。电话机是一种新的通信工具,没有什么实物或书籍可以参考,只能反复试验,从失败中积累经验。春去冬来,贝尔和沃特森在简陋的实验室里足足研究了三个年头。他们虽然制作了不少模型,但都失败了。一天夜里,贝尔正在思索时,受到一阵吉他声的启发,动手设计了一个类似共鸣箱作用的助音箱草图,照着草图,他和沃特森连夜赶制起来。一直干到天亮,总算把它做成了。接着他俩又继续改装机器。一连忙了两天两夜,终于制作出一个从外形看来跟今天的电话机模样相似的东西。

贝尔研制的电话机,是用导线绕在软铁棒上做电磁铁,然后在电磁铁上放置一薄铁片做成送话器,如果对着薄铁片发声,薄铁片就会在声波的作用下产生振动,振动的薄铁片将对电磁铁产生电磁感应,于是在电磁铁线圈中感生出电流,并通过导线流过受话方(讲话的对方)的受话器电磁铁线圈,于是受话器的电磁铁即产生磁力,去吸引盖在电磁铁上的薄铁片,使其振动发声。这样一来,在受话器方面就听到了与送话器方面发送的同样声音。

在经过一次又一次的实验和改进后,1875年6月2日,受话器里终于传来了电话史上的第一句话,贝尔和沃特森欣喜不已,庆祝着世界上第一部电话机的诞生。这以后,他们又对电话进行改进,声音越来越清晰,1876年2月14日,贝尔申请了专利。

贝尔虽然取得了专利,但这只是电话成功的一半。因为当时电话并没有引起社会的重视。虽然,在电话问世的几个月后,贝尔带着电话参加了为纪念美国独立100周年而在费城举办的博览会,曾一度引起轰动。前来参观的巴西皇帝佩德罗二世惊异不已,他放下电话机,大声叫道:"它在说话呢!"但是,时过境迁,博览会一过,贝尔的电话又无人过问了。

贝尔和沃特森并不气馁,他们到处奔波,利用一切机会宣传电话。终于在1880年得到一位有远见的名叫休顿的富翁的资助,成立于贝尔电话公司,大规模的电话工业开始了。

贝尔公司开始生产电话机的时候,电报机的生产正方兴未艾,人们普遍使用简单的电报机。而这种不使用文字,直接传送声音的电话机的出现,不禁令人惊愕不已,它比起电报来又要方便很多,深受人们的欢迎与好评。

经过25年的发展,到1905年,美国每50个人中就有一个人装上了电话机。贝尔也成了名满天下的大实业家。

更新换代

电话一诞生,就以比其他技术更快的速度发展起来。

电话发明成功的消息传到了爱迪生的耳朵里,他仔细研究了贝尔的发明,很快就发现这项新发明的关键性缺陷在于送话器质量不高。

毕竟是行家里手。大发明家爱迪生经过一番实验,成功地改良了贝尔的电话机,他把炭粒装入盒内,将金属圆片盖在上面,当面对金属圆片讲话时,音波使圆片振动,圆片与炭粒相接触,炭粒被振动的圆片压缩,使炭粒的电阻随音波的变化而变化,这样一来,流经炭粒盒的电流亦随音波的变化而变化,变化的电流经导线送到受话器,就把声频信号传送了过去。

由于这的确是一种性能良好的送话器,明智的竞争对手——贝尔公司立即买下了爱迪生送话器专利,以爱迪生送话器和贝尔受话器组装出性能优良的电话机,在市场上销售。

贝尔公司雄心勃勃,一方面积极进行开发,一方面及时把别人新发明的专利购买过来,因而两次战胜了竞争对手威斯坦·尤尼奥公司,成为美国最大的电话公司。

1878年,贝尔和沃特森同时分别设计出了第一台人工电话交换机并立即投入使用。

这台电话交换机的原理其实非常简单。当用户想呼叫他的受话者时,交换台上一个记有他的电话号码的呼叫号牌落下来,接线员就询问受话者的电话号码,并找到受话者的线路接点,将软式连线两端的两个插头分别插入有关用户的插孔内,把两条线路连接在一起。同时,交换台上还有一条监听线路,接线员可随时了解电话是否已经打完,并及时拔出连接线。这样,通话双方的对话内容对电话接线员都是无法保密的。

随着电气技术的发展,越来越多的人们为电话的发展推波助澜。1891年,美国的阿尔蒙·B.斯特罗杰申请了第一个自动电话交换机专利。1902年,美籍加拿大人弗森登创造了第一台无线电话,并于这年发射了第一个无线电话信号。弗雷斯特发明了真空三极管,并于1912年将其用于无线电话机,同年他发明了再生电路,能够放大音频信号。1917年,美国研制出机载无线电话机,将其安在战斗机上,大大增强了飞机的作战能力。1923年5月,法国工程师安托万·巴尔内成功地研制出最初的电话拨号盘。此后,话筒和听筒装在一个方形手柄上的电话机,大都采用了这种拨号盘,直到20世纪60年代,电子式电话交换机才逐渐取代了它。

的确,目前人们使用最多、最广的电信设备就是电话。单纯的传音电话确实拉近了人们的距离,将地球缩小成一个"村庄",而同时即传音又传图像的电话就会使地球上的人们如同在一个屋子里面对面亲切谈话一样,将"地球村"变成一个"地球家"。

无线电

1886年，德国物理学家赫兹在实验中证实了电磁波的存在，它像光一样，可以在空中传播。这个发现震动了科学界，许多科学家纷纷加入电磁波的研究队伍中。

俄国的波波夫和意大利的马可尼，他们虽然在不同的国度，几乎在相同的时间内都对无线电的诞生作出了举世瞩目的贡献。1888年，29岁的波波夫得知赫兹发现了电磁波的消息后，异常兴奋。他定下自己的研究目标，埋头研究起来。

1894年，波波夫在汲取法国的布兰利、美国的李奇等同行的经验的基础上，制成了一台无线电接收机。在这台接收机上，波波夫还创造性地使用了天线。天线的发明，是十分偶然的。有一次，波波夫在实验中发现，接收机检测电波的距离突然比往常增大了许多。"咦，这是怎么回事呢？"波波夫一直找不出原因。后来，他发现一根导线搭在金属屑检波器上；他把导线拿开，接收机上的电铃就不响了。他把实验距离缩小到原来那么近，电铃又响了起来。波波夫喜出望外，连忙把导线接到金属屑检波器的一头，并把检波器的另一头接上。经过再次试验，结果表明使用天线后信号传递距离剧增。就这样，无线电天线问世了！

不久，波波夫用电报机代替电铃，作为接收机的终端。这样，世界上第一台无线电发报机诞生了。1896年，波波夫在俄国物理化学协会年会上，正式进行无线电传递莫尔斯电码的表演。

在表演之前,波波夫把收报机装置在会议大厅,把发射机安放距大厅250米外的一座大楼里。表演开始了,发射机发出信号,收报机的纸带上打出了相应的点和线。会议主席把接收到的电码翻译成文字,并逐一写在黑板上。最后,黑板上出现一行电文:"海因利茨·赫兹。"表演成功了!这份寥寥数字的电报,是世界上第一份有明确内容的无线电电报。

就在波波夫进行表演后的两三个月,也就是1896年的初夏,意大利科学家马可尼离开祖国,登上了开往英国伦敦的邮轮。他站在船头,望着滚滚波涛,不禁回想自己近10年的奋斗历程。马可尼16岁那年,在意大利波隆那大学读书,他的老师是赫赫有名的电学专家李奇教授。李奇十分喜欢这位聪颖好学的学生,常常将一些学术杂志借给马可尼看。有一次,马可尼在杂志上看到了几篇介绍赫兹实验的文章。他感到赫兹打开了电学的一扇窗口,外面的世界一定很精彩。于是,他在李奇的指导下,阅读了许多有关的文章,做了一些电磁实验。

此后,马可尼在家里庄园楼上潜心做实验,他不知度过了多少不眠之夜。1894年,马可尼实现无线电信号传送。他在楼上楼下分别装上发报接收装置。他在楼上一按电钮,楼下客厅里就传来一阵阵铃声。马可尼深受鼓舞。第二年秋天,马可尼把发报装置装在离家2.7千米外的一个小山顶上,把接收装置安放在家里的三楼上。结果接收装置收到了发报装置发出的信号。马可尼的试验又一次获得成功。

马可尼准备将实验扩大,进一步加强电磁波的发射能力,可这需要一大笔经费。他立即写信给邮电部长,阐明了实验的重大意义,要求邮电部门给予支持。可政府部门对此事一点也不感兴趣,认为马可尼是个骗子。痛心至极的马可尼只好离开意大利,来到对科学技术颇为重视的英国。马可尼来到英国后,得到政府及学术界的热烈欢迎。英国政府批准了他的发明专利,并为他提供一切实验条件。有了良好的条件,马可尼实验进展得十分顺利。

1897年5月11日,马可尼在英国西海岸布里斯托尔海峡南端的拉渥洛克,进行了跨海无线电通讯实验。实验获得成功,使通讯距离达到4.8千米。这一成绩,与波波夫在这年年初取得的通讯距离达5千米的结果十分相近。

同年5月18日,马可尼又完成了从拉渥洛克发往另一个小岛布瑞当的跨海收发报通讯,使收发报距离猛增到14.5千米。马可尼的无线电通讯技术已居于世界最先进的水平,他远远地把波波夫抛在后面。

1901年12月,马可尼在英国的康沃尔建立了一个装备大功率发射机和先进天线设备的发射台。然后来到大西洋彼岸的加拿大圣约翰斯,安装接收装置,并用氢气球把天线高高吊起。

从12月5日起,英国康沃尔发射台开始连续使用60米高的天线发射无线电波。可在此时,氢气球爆炸,整个实验面临夭折的危险。12月12日,马可尼只好临时用大风筝把天线升到121米的高空。终于,他们收到了英国发出的事先商定好的莫尔斯电码。跨洋收发报距离达3200公里,实验成功了!这一消息轰动了世界。从此,无线电波开始为人类服务。它使人类的通讯事业获得了空前的提高。

1909年,35岁的马可尼因为发明无线电,荣获了当年的诺贝尔物理学奖。可在此前3年,最早发明无线电报的波波夫去世了,没能获得这个荣誉。但是,人们并没有忘记波波夫的功绩,他和马可尼被公认为"无线电之父"。

超导技术

自古以来,人类逐渐形成一种认识:世间没有永恒的东西。而超导技术的发明,将使人类生活的诸多方面大为改观,人类的认识也将经历大的变革。

在低温条件下物质表现出一种奇异特性,人们称之为超导现象。超导现象的出现却并非是一般意义上的低温,而是以绝对温度衡量的超低温。绝对零度约等于零下273摄氏度,以这点开始,每增加一度为1K。

1911年,荷兰莱顿实验室里大物理学家昂尼斯一直想采用一种手段力求使汞的温度冷却到接近绝对零度,但他没有成功,始终没有找到合适的冷却剂。后来,还是他的学生兼助手霍尔斯特提醒他利用液态氦进行冷却,终于使汞的温度冷却到接近绝对零度。当他将电流通过汞线,测量汞线的电阻随温度变化时,一个奇异的现象出现了:当温度降到4.2K时,电阻突然消失了。昂尼斯的神经立即绷了起来,他简直不敢相信自己的眼睛,他让助手重新做了一遍测试,结果发现还是出现了电阻消失的现象。昂尼斯和助手紧紧地拥抱在一起,流下了滚烫的泪水。昂尼斯称这种现象为物质的超导性,而汞这时进入的状态叫"超导态",电阻为零的温度则为转变温度。

不久,昂尼斯又发现了其他几种也可进入"超导态"的金属如锡和铅。锡的转变温度为3.8K,铅的转变温度为6K。由于这两种金属的易加工特性,就可以在无电阻状态下进行种种电子学试验。此后,人们对金属元素进行试验,发现铍、钛、锌、镓、锆、铝、锗等 24 种元素是超导体。从此,超导体的研究跨上了新的台阶。

昂尼斯的发现具有重大的科学意义和重要的实用性。多少年来,科学界一直都在嘲笑那位幻想制造"永动机"的天真人士。那么,"永动机"难道真的永远只是美梦吗?

电烙铁接通电源后就会发热,进而达到熔化焊锡的程度,这是由于电流的热效应。但是,在许多情况下,我们所需要的不是热能,像我们希望从白炽灯得到光,从电动机得到机械能,电流的热效应便造成电能衰减,带来不必要的浪费。昂尼斯做了一个重要实验,使电流通过冷却到 4K 的铅线回路,一年后电流仍然没有减弱地流动着。

由于电流可以产生磁场,昂尼斯相信,超导线圈可以形成大的工业磁体。这样的超导磁体由于超导线圈内没有电阻损失,则无需提供连续的能源而运行。这样,"永动机"的梦想不就可以实现了吗?

在认知自然的过程中,人类一直在艰苦执著地探索,超导现象的发现便是长期探索的成果,而绝非偶然。

1891 年,法国的路易·加莱泰、瑞士的拉马尔·皮克泰成功地使微量的"永久气体"——氮、空气和氢液化。俄国的格拉斯科也成功地得到一定量的液体空气。他发现纯金属的电阻率与温度的关系有些奇特:看上去好像是在绝对温度零度附近其电阻会完全消失!这个奇妙的可能性促使产生了能预示从零电阻到无穷大电阻的许多限制低温性能的理论。1892 年,英格兰的詹姆斯·杜瓦发明了以他的名字命名的真空绝缘镀银玻璃容器。利用这容器他获得了其量可供做实验用的液态氢,并且将温度进一步降低。在这一温度下,他发现金属的电阻并没有消失,只是电阻已不随温度而变罢了。

后来,在威廉·拉姆齐发现地球上有氦之后不到 20 年,即 1908 年,坎默林·昂尼斯又成功地使之液化。液态氦使实验室实验的温度降低了一个数量级。3年后,坎默林·昂尼斯和学生霍尔斯特又发现,当在液态氦中冷却汞时,试样的电阻在临界温度时会突然消失。以后在进一步的实验中感应产生的持久电流仍没有明显的衰减。

几年以后,柏林麦斯纳的超导实验室又有一重大发现,即所谓麦斯纳效应。麦斯纳与其同事俄逊菲尔德在试验中发现超导体具有令人惊奇的磁特性。如果超导体碰到磁场,将在超导体表面形成屏蔽电流以反抗外界磁场,使磁场不能穿透超导体的内部,而在其内部仍保持零磁场。逆向试验得到相同的结果。这种现象因此称作麦斯纳效应,也就是在超导体内部磁感应强度为零,电流在表面流动。可用一个试验来演示该效应:一块永磁体可以使浸泡在液氮中的超导体悬浮起来。麦斯纳效应只有当磁场较小时才会出现,如果磁场过大,磁场将穿透金属内部,从而金属失去超导性。

1957年,依利诺伊大学的巴丁、库柏和施里弗提出了BCS理论(取自三人姓名的字头),较好地解释了超导现象。

BCS理论用量子力学来描述超导体系统状态。正常态的电子是互相排斥的,超导态时,电子相互作用,使电子两两相互吸引,形成电子对,称之库柏对。含有库柏对电子的金属具有较低的能态。后来,吉埃弗观察到电子可以从一个超导体穿过薄绝缘层到达另一超导体,称之为"随着现象";随后,英国的约瑟夫逊推测BCS理论提到的库柏对也可通过薄绝缘层,很快贝尔实验室便证实了这个预言。

1962年,剑桥大学研究生约瑟夫逊分析了由极薄绝缘层隔开的两个超导体断面处发生的现象。他预言,超导电流可以穿过绝缘层且只要超导电流不超过某一临界值,则电流穿过绝缘层时将不产生电压。他还预言,如果有电压的话,则通过绝缘层的电压将产生高频交流电,这就是所谓的约瑟夫逊效应了。约瑟夫逊效应是超导体的电子学应用的理论基础。1957年,前苏联物理学家阿伯里柯索夫就预言,一定存在着具有更好性能的新超导体材料,这些材料即便处在很高的磁场中也能实现超导化,磁通线可以穿透材料,但磁通线之间的区域将没有电阻地携带着电流。阿伯里柯索夫称之为第Ⅱ类的超导体材料,这为开发商品化的超导磁体提供了理论基础。

不久,即1960年昆磁勒和他的同事在贝尔实验室的试验中发现一组超导化合物和合金(第Ⅱ类超导体),它们可以携带极高的电流,而且在强磁场中仍具有超导性,使人们对超导磁体和超导强电部件产生了浓厚兴趣。

直到1985年,超导材料的转变温度的最高记录只为23.2K。而从1986年开始,超导材料的转变温度有了突飞猛进的提高。先是在1986年4月,IBM的苏黎世实验室研究人员将转变温度提到30K,揭开了转变温度提高的序幕。1987年初,中国、日本和美国的科学家采用金属氧化物,将超导临界温度提高到了100K以上。1987年3月9日,日本宣布获得了175K的超导材料。随后,美国、日本又分别利用粒子束和中子束照射氧化物陶瓷超导材料,获得了180K、270K性质稳定的超导材料。

超导技术的不断进步,为超导材料的应用提供了可能。早在1966

年，波维耳等人就建议利用超导磁体和路基导体中感应涡流之间磁性排斥力，把列车悬浮起来。而今磁悬浮列车已在日本出现。

磁悬浮列车的形状非常奇特。它既没有引擎、车轮，也没有传统意义的铁轨，在它飞速行驶时既没有隆隆声，也听不到刺耳的刹车声。这种奇特的火车车身靠磁场悬浮在导轨上，像一架没有翅膀的飞机在超低空飞行，因此又被称作"空中列车"。与普通的列车相比，车轮与钢轨之间的摩擦力没有了，磁悬浮列车不仅能有效地利用能量，把列车从噪音与振动中解放出来，而且能实现列车行驶的高速度，它的行驶速度高达500公里每小时以上，这是目前人们所使用的陆地交通工具中最高的速度。

然而要想使沉重的列车悬浮起来可非易事，普通的磁铁难以胜任，必须得借助超导材料。在列车每一节车厢下面的车轮旁边，都安装有小型超导磁体，在地面上的轨道两侧埋设有一系列闭合的铝环线圈。当列车向前运动时，给列车上的超导体接通电流产生强磁场。地上线圈与之相切割，从而在铝环内就会产生很强的感应电流。这些感应电流产生的磁场与列车上超导磁体产生的磁场方向相反，两个磁体产生相当大的排斥力，当排斥力足够大时，列车就浮起来了。磁悬浮力随运动速度的提高而增强。

自从高温超导体发现以后，超导技术对当今的社会和产业的冲击是巨大的，科学技术界对超导技术发展的前景表示了各种各样的见解，特别是从技术和经济分析方面对超导应用进行了估价与预测。

大多数专家，特别是超导专家对超导发展的前景持乐观态度，认为"超导引起的产业革命即将到来，这与半导体带来的影响相同，大概会引起至今没看到过的产业革命"。专家们从技术与经济可行性角度出发，对具体超导技术应用的实现同时持慎重态度，特别对超导在能源与运输设备上的应用(强电或强磁)实现时间的估计,大多数认为是 21 世纪的事情。个别专家认为:"半导体从二接头二极管发展到三接头的晶体管用 40 年时间,超导也许要经过很长的时间才能实用,但应用实现时影响是很大的。"超高速的超导计算机实用化的时间可能比能源与运输设备还要晚。总的来说,大多数超导弱电、弱磁应用实现时间要比强电、强磁早。

尽管"仁者见仁,智者见智",但学术界从未在研究的道路上畏缩不前。各国政府,特别是工业发达国家的政府,对超导研究极力支持,并给予大量投资,这些国家有实力的公司对研究成果迅速引进,迅速转变为生产力,这些都有利于超导技术的发展。这也说明,政府、企业与超导专家、研究者,在对超导将起的作用的看法方面取得了共识。超导在 21 世纪必将占有重要地位。

电视机

如今电视已普及千家万户，人们可以足不出户就能看到各式各样的节目。那么，你知道电视是怎么发明的吗？

早在1873年，电气工程师史密斯在改革海底电缆的一个装置时，发现硒遇见阳光时，就像电池一样会产生电。阳光被遮住后，就不产生电。这可是奇怪的现象，因为在当时人们普遍认为只有发电机或电池才能产生电。

史密斯的发现引起了不少科学家的关注。美国工程师肯阿里知道这事后，动手制作了一个特殊的装置，即在两块金属板中间夹上硒。这样，这个装置在阳光照射下，就会从金属板处发出微弱的电流。因为这是光发电，因此肯阿里把这个装置称为"光电池"。

"电话能随着声音的大小而使电流变化，而光电池在强光下产生强电流，在弱光下产生弱电流，能不能利用它的这种特性来传送图像呢？"想像力丰富的肯阿里产生了这么个念头。

1875年，肯阿里设计了一个试验：按照一张照片的图形，用黑白小点组成照片的形状；将许多硒的小颗粒密集地排列在一块板上；做一个用小灯泡密集排列的装置；用电线一对一地将每个小点和小灯泡连接起来。

按理说，当把黑白小点组成的图放在硒板前，用灯光照射时，由于硒对光的感应黑点的地方接受的光比较弱，硒粒发出弱的电流，白点的地方接受的光比较强,硒粒发出强的电流。这样,硒粒上的电流强弱,通过电线,反映成小灯泡的亮暗,就会出现一幅灯光图。可是,肯阿里的试验失败了。10年后,波兰科学家尼布可意识到肯阿里的试验设想没有错,只是硒所产生的电流实在太小,不能使小灯泡发亮。于是,他也利用硒的特性,设计出了性能比光电池好得多的"光电管"。有了光电管,尼布可在肯阿里试验的基础上,设计了一个新的方案:用一块布满极密小孔的网板,在图像或景物前旋转。光通小孔,照射到硒料上。随着光的变化而产生的电流,通过电线传送到远处,使远处的小灯泡发光。在远处的发光小灯泡前,用同样布满极密小孔的网板,按传送部分的速度旋转。这样,小灯泡的光通过网板小孔照射到白纸上,就可以形成与传送部分相同的图像。1887年,尼布可新方案以失败而告终。尼布可明白,这还是光电池所产生的电流太弱,达不到要求所致。

发明图像传送装置的梦想,牵引着许多科学家的心。其中,英国科学家贝尔德对这一装置简直迷得发疯。他在自己从事研究的同时,关注着科学界的一点一滴的进展。他认定,从理论上来说,从肯阿里的试验到尼布可的试验都没有错,只是技术设备还不成熟。电视的诞生,需要其他技术注入"催产剂"。

1906年,美国科学家德雷斯特发明了三极管,它可以把微弱的电流放大。

1912年,德国科学家耶斯塔和盖特发明了新型光电管,性能比光电池提高了几倍,可根据光的强弱,转换成不同强度的光。

贝尔德觉得电视的诞生该是时候了。他决定继承其他科学家的研究成果,将试验继续进行下去。

贝尔德的想法是:在靠近一块硒板的地方放一张照片,再把一束光投射到照片上,并移动光束,使它照遍照片的各个部位,并反射到硒板上。这样,硒板上的感光就会随着图像的明暗变化而产生各种强度不同的电流。这也就是现在人们所说的图像扫描。产生的电流被输送给发射机,由发射机用线路或无线电发射出来,再由接收机接受,并把电波转换成明暗不同的图像。不过,这只能产生静止的图像。

贝尔德为了研究、发明,耗尽了所有的家产。他一无所有,但顽强地坚持研制,终于制作出一台能传递静止图像的"机械扫描电视机"。

这台原始的电视机并没有引起社会太多的注意。面容憔悴的贝尔德感到无力坚持研究下去了,因为他连吃饭都成问题了。他只好将机械扫描电视机赠送给科学馆,换取一笔小小的款项,以维持最低的生活水平和最基本的研究条件。

接着,他对机械扫描电视机进行改进。把钻了许多洞的圆盘安装在一根织针上进行扫描,将光投射到转动的圆盘上,他把这个装置称为"转换器"。转换器按固定的顺序照亮图像的不同部位,再将其转换成电流。强度不同的电流发射给接收机,再转换成图像。经过改进,电视机拍摄和投放出来的图像比原来清晰逼真多了。

1925年10月2日,在英国伦敦一家百货店里,贝尔德用圆盘对一个小伙计进行扫描,结果电视屏幕上出现了小伙计的面容,一时轰动了英国。

1931年,贝尔德在伦敦大剧院进行电视"实况转播"试验:他要对距离伦敦大剧院23公里的赛马场进行转播。那天,整个伦敦大剧院被围得水泄不通。赛马开始了,只见电视屏幕上出现奔跑的马、欢呼的人群……贝尔德终于成功了!他被兴奋的观众抬举起来,抛向空中,脸上挂满了泪花。

传真机

传真机发明以后,真情实景得以原原本本地传送,传真通信作为一种现代化的通信手段,日益受到人们的重视。

传送成功

传真的本意是按原稿摹写、复制。传真通信是通过有线电路或无线电路传送文件、照片、图样等静止图像的远距离通信方式。由于它具有普及性强,易于实现收发自动化、多功能化和数字化,易于加密等特点,在当今发达的商品社会中,传真通信作为一种现代化的通信手段越来越受到人们的重视。

在一些发达国家,无论是瞬息万变的商业界,还是普通的百姓家庭,传真机的重要位置愈益突现。然而其产生的历史、发展状况及其原理以及其对人类社会的影响可能很少有人全面了解。

作为一种常用的电信方式,传真具有悠久的历史。其起源可追溯至19世纪,该时期是电气通信技术开发的黎明期。人类最初的通信手段采用手鼓、烽火等中转传递方式,直至1837年美国科学家莫尔斯发明了电报机,带来了通信史的一次大改革。

1841年,英国物理学家亚历山大·贝恩提出了用电传送图像和照片的设想。次年,他利用电刷做振动子,让它在一幅用薄铜片剪成的图形上扫描,然后将所得到的电信号通过通信线路传给对方;在对方,用电刷做成的振动子在一张放在铜板上的电化学纸上做记录。结果,在记录纸上便奇迹般地出现与发送一方薄铜片形状完全相同的图像。

1843年,贝恩发明的可以记录电报的设备获得专利,这台设备就是传真机的前身。由于种种条件的限制,当时未有什么实质性成果。到了尼泼科夫圆盘问世后,传真通信才变为可能,但是如何加速圆盘的旋转速度,如何提高传送的功能,特别是如何把传真技术变得更为实用又成了后人长期探索的课题。

1895年,美国人格雷受到电报的启发,想用电报的原理来传送手书和图表。他把发送端的描画针在发送原件上扫描,将原件图像转换成为电的信号发出去。而在接收端的描画针,也按照与发送端相同的方式扫描。开始时图像的效果不佳,当尼泼科夫圆盘问世后,他再次受到启发,又加强了光源亮度,终于取得了成功。

几乎在同一时期,英国的科学家考珀也在做这方面的研究并取得了成功。由于格雷的努力,再加上各方面研究的成果,到了1925年,美国无线电公司研制出了世界上第一部实用的传真机。它由发送机和接收机组成。发送机上有一个滚筒代替圆盘,把发送的图像或文字卷在滚筒上。滚筒的前方装有强光源的灯。灯发出的光被透镜聚集成一点并照射到图像或文字上。图像或文字上的颜色,被灯光照射后,反射出明暗不同的光,白色反光强,黑色反光弱。这种光再射到光电管上,光电管就产生电波,受到的光强,产生的电流就大;受光弱,产生的电流就小。这样,把强弱不同的光变为强弱不同的电信号。电信号经过放大后就由有线电路或无线电路发送给对方的接收机。接收机上也有一个滚筒,它的大小、转速和发送机上一样。接收机收到的电信号,经过放大等一系列还原处理后,送入记录装置,最后在记录纸上出现的图像或文字跟发送机上的基本一样。

至此,现代传真机的雏形已基本形成。

"眼手"兼备

传真技术的应用首先在西欧开始。1913 年,法国物理学家贝兰制成了第一部可供新闻记者使用的手提式传真机。1914 年,世界上第一幅通过传真机传送的新闻照片出现在巴黎的一张报纸上,引起了很大的轰动。

20 世纪 20 年代,美、法、日等国都先后研制成功实用的传真机,从此,传真技术便大踏步地走上了电信应用的舞台。1924 年,当时法国外交部长阿·白里安的一份亲笔函件用传真机从法国的巴黎传到了美国的华盛顿,这是传真技术首次为国际间的信息交流服务。1928 年,日本又利用新发明的 NE 式传真机,成功地把在京都举行的昭和天皇即位的照片传送给了东京新闻社。

但是科学家们面临的困难和问题还是图像的清晰度、传送的速度以及光源的亮度……

1930 年,弗拉基米尔·苏沃鲁金发明了摄像管,同时其他科学家又发明了电子束管等先进电器,传真性能得到了改进。到了 20 世纪激光被发现后,光源问题算是得到了较满意地解决,传真效率又得到了提高。

在传真通信中,图像就是通过传真机的扫描过程变成电信号的。传真机的扫描过程,就是传真发送机把发送原稿按一定的规律"读"出来变换成电信号的过程。

人的眼睛能够看见发光物体,对本身不发光的物体,必须要有光源照射才能看见这些物体。传真发送机就具备"眼睛"的作用,它对所发送的图像上的各部分颜色(黑或白)有不同的反应,即根据颜色的不同来"描述"图像是黑信号还是白信号。在相片传真机中,则还要能把色调的深浅层次反映出来。传真机上要发送的图片本身是不发光的,因此必须要由装在传真发送机上的光源照射在图片上,才能让传真发送机的"眼睛"去看图片上各个小单元反射出的强弱不同的光,由此变换成不同强度的电信号。

传真发送机的"眼睛"是一种光电器件,如光电管、光电倍增管或光敏三极管等。不过由光电器件变换输出的图像信号还比较微弱,不能直接通过线路作长距离传送,故在传送之前还必须把信号先放大,再进行调制才能传到对方去。所谓调制是用一较高频率的信号(称为载波)作为图像信号的运载工具,将图像信号"搬上"这种运载工具上去的过程。调制后的图像信号很容易通过线路传到远方。

传真的接收是通过传真接收机来完成的,传真接收机是由收到的电信号,将发端图像原样复制出来。传真接收机要具备能复制出图像的"手"的作用。

上面说的调制信号经远距离线路传送后,产生了很大的衰减,到达传真接收机时已变得很微弱了,因此首先要用放大器把调制信号放大,再将调制信号还原成图像信号。还原是把图像信号从载波这个运载工具上"卸下"的过程,称为解调。调解后的图像信号控制着传真接收机上的记录器件,发挥"手"的作用,在纸上"画"出和发端一样的图像来。

在传真的发送和接收过程中,发送机和接收机必须"步调一致"。例如传真发送机扫描图像时的顺序,往往是从左到右,自上而下一行一行地进行的(这个过程称为图像的"分解"),这就要求传真接收机在记录纸上记录图像的顺序也要同样地自左到右,自上而下一行一行地进行(这个过程称为图像的"合成")。

收发"步调一致"称为"同步",它包括发方分解图像和收方合成图像时扫描方式的同步,扫描速度的同步和每行扫描的起始点的同步(这称为相位同步)。

扫描方式的同步就是上面所说的图像分解和合成时的顺序相同。扫描速度的同步是指图像分解和合成时速度一样。相位同步是指发送机和接收机扫描时,都必须从发送原稿和记录纸的边缘开始。如果同步条件不满足,那么接收端复制出的图像就会出现歪斜,甚至乱七八糟,难以辨认。当然要使收发两端的传真机保持绝对的同步,事实上是不易做到的,因此实际中常要求收发两端的同步保持在一定的精度范围之内就可以了。

要复制出与发送原稿相同的图像,除了以上谈到的同步外,接收端传真机还必须和发送端传真机具有相同的"合作系数"。所谓"合作系数"是指发送的图像和接收的图像的长度和宽度之间应符合一定的比例关系。收发两端的传真机,可能是不同厂家、不同型号的产品,但只要它们的合作系数相同,就可以互通工作,复制出的图像可以和发送图像一样大,也可以适当放大或缩小,但是收发两端的图像的长宽比例不变,因此接收的图像不会发生畸变。

图文并茂

传真通信既方便又快捷,既可传送信息的内容,还可传送信息的形式,包括文件、签字、作战地图、军事命令、外文和各种符号的真迹,而且能够保留下来。

用一个电话电路的单路真迹传真机,从沈阳到昆明传送一张 16 开大小的图样,只要6分钟,比火箭的速度还快!如果使用的电话电路增加60路时,可采用快速传真机,其传送速度要比单路传真机快几十倍。现在报纸使用传真技术传送照片已十分普遍,《人民日报》已采用传真技术,使边远地区当天就能读到报纸。先进的传真机还能传递各种彩色图片。正因如此,它受到机关、企业,特别是国防军事部门的欢迎。

信函传真机可以迅速传递亲笔写的信。一页信笺的内容,只要20秒钟就可以从深圳传到北京,很快送到收信人手里。信函传真传送的距离可以很远。1980年6月17日,从英国伦敦国际邮电局寄发一封信,通过卫星传送电子信函,在短暂的一分钟时间内,就跨越大西洋,到达加拿大的多伦多,成了世界上第一封"太空信"。

在军事上传真技术也具有极重要的价值。军用人造卫星拍摄到敌方照片后,就可用传真机把照片传送到指挥部。这些照片有地形图、轰炸目标火力配备资料等等。现代军舰上也都装有气象传真接收机,随时掌握作战区域的气象云图。1982年英国和阿根廷发生马岛战争,英国舰队远离本土,对马岛一带气象变化了解不够,而南太平洋气候变化多端是举世闻名的。英国军舰就依靠气象传真接收机,及时了解了这一带气象云图,为作战提供了有利条件。

现在几乎每年都有新的传真机机种上市,这些新机种在不断提高传送速度的同时,功能也在进一步增强。这些功能有:装备大容量存储器;传真文稿快速读取;采用长达百米的记录纸供大量接收之用;密码通信功能;大幅面文稿收发功能。这些功能的开发使传真机更加令人"心动",魅力值上升。具有密码通信的传真机可防止在电话线路上进行传真通信时被"窃听",对于"商机不可泄露"的商海和个人意识、个人隐私权日益突现的现代人,这种进步尤显出其价值。具有通行字功能的传真机不仅可防止在不慎弄错接收单位的传真号码时,传真会发送出去,还可限定接收的对象,以防止接收无关单位发来的传真,节时省力,其发挥的重要作用也是不容忽视的。

在传真机向多功能、高档次发展的同时,小型的便携式传真机也不断涌现出来。便携式传真机可与汽车电话、便携电话、移动通信设备等连接,可在任何地点实时地发送或接收传真文件。

PC-FAX 系统是传真机与计算机相结合。这种系统既有传真机的全部基本功能,又有计算机存储容量大和编辑能力强的特点,可将扫描输入的传真文件或将传真机接收的传真文件输入到计算机中存储管理、编辑存档;还能用显示器显示出来并打印;也可将计算机存储的文件通过传真机传到远方,实现远程通信。与计算机结合紧密的交互式传真机摆脱了传统的 PC-FAX 系统的点对点通信格式,可以实现双向通信,在计算机通信和计算机联网中发挥了重要作用。

日本夏普公司成功研制了彩色传真机,传送一页 ISOA4 幅面文件只需要 3 秒,且图像品质优于 C3 机,传送照片时也能获得清晰的图像。传真机从此进入了彩色时代。

电子计算机

电子计算机是20世纪最伟大的发明之一。无数科学家为它的发明和发展呕心沥血,作出了不朽的贡献。20世纪,随着电子管和晶体管的发明,电子计算机以迅雷不及掩耳之势神速发展,广涉人类的军事、科技、经济、文化、政治和娱乐领域,对人类的生活方式和思维方式产生了并将继续产生难以估量的影响。

费尽心机

在1945年第一代(台)电子计算机诞生之前,人们对类似这种机器的探寻大约已有300多年的历史了。

1641年,法国数学家帕斯卡设计了一台齿轮传动计算机,它可以做8位数的加法。1672年,德国数学家、物理学家莱布尼兹在帕斯卡机的基础之上,研制成功了可以进行乘除运算的机械计算机。莱布尼兹同时汲取中国《易经》中"阴阳"思想的精髓,发明了二进位制,后来成为计算机运行逻辑中"1"、"0"或"开"、"关"机制的源头。以后,机械计算机不断得到改进。1818年,法国人托马斯设计了一种原理简单、操作方便的机械计算机。这种计算机非常实用,而且便于批量生产,从此使计算机走出实验室,进入社会。这种类型的计算机直到20世纪40年代还在使用。

19世纪早期,法国人J·M·雅卡尔发明了一种衣布织机,使用了穿孔卡控制衣布花样,这一构思帮助其他人发明了新的计算机。1820年,汤姆斯改进了莱布尼兹计算器,造出所谓算术机。但是,最有影响的还是英格兰人查尔斯·巴贝奇发明的第一台机械数字通用计算机,又叫"机械式差分计算机"或"差分机"。

巴贝奇的灵感之一是设想用穿孔编码卡片来使运算过程自动化,这是他从雅卡尔动力织机那儿得到的启示。1801年,法国纺织机械制造商约瑟夫·雅卡尔为使织丝锦缎自动化,发明了这种织机。他利用穿孔卡纸上孔眼的排列引导织机上的梭子,织出某种图案来。这个装置的运转方式类似自动钢琴中穿孔滚筒的运转方式。

巴贝奇设想发明一台机器,它可以独自解决各种复杂数学问题,包括进行一系列独立的运算。他设想,这种机器至少需要5个独立的部分:①输入机构,向机器输入提出问题和解决问题所需的信息;②存储器,保存所输入的资料以待机器需要时用;③运算器,进行实际运算;④控制器,告诉机器何时和怎样使用所储存的信息;⑤输出装置,给出打印的答案。

多年以后,设计出第一批电子计算机的人,正是遵循了与此非常类似的方案。

继巴贝奇的"分析机"之后,1835年,一位女数学家阿达·拜伦建议巴贝奇利用雅卡尔发明的穿孔卡为他的计算机编制程序,并亲自编制了分析机的一些程序。这成为计算机程序的最初起源。1890年,美国人赫尔曼·霍勒里思发明了一种计算机,成功地利用穿孔带以电的方式计数美国第十次人口普查中收集的信息。而布鲁斯制造的"累加和登记机",则统计出了美国1890年的准确人口数。

历史进入20世纪,计算机技术在头30年里居然没有显著进展,直到1936年,计算机设计理论才取得了重大突破。美国逻辑学家波斯特和英国数学家图林各自发表了一篇有影响的论文。第二年,现代信息论的创始人香农在他的硕士论文中最先证明,由19世纪英国数学逻辑学家布尔所建立的二进制数学逻辑理论可用于简化二进制计算机的设计。同年,贝尔电话实验室的斯梯次兹制成第一台继电器式计算机。1939年,他又制造出机电式"复数计算机",这就是贝尔1型继电器计算机的原型。安德鲁斯参与并相继研制出贝尔2型机和贝尔3型机。它们的运算速度超过了以往任何计算机,与此同时,由霍勒里思创办的国际商业机器公司也生产出由哈佛大学毕业生艾肯构思出来的Mark-1计算机,这是一台自动定序计算机,占地面积2500平方英尺,内含80万个部件,有60个常数存储器,能进行对数、正弦函数等超越函数的计算,一道加法需0.3秒钟,乘法需3秒钟。

但是,这些都远不是现代意义上的"电脑"。尽管电子管早在"二战"前30多年就已经问世,但由于没能和计算技术联姻,便也不能孕育真正的电脑。只是由"二战"中迫在眉睫的弹道计算的需要,才迫使科学家们将二者结合起来,最终导致了电脑的产生。

天赐灵感

20世纪电子技术的飞速发展为电子计算机的诞生创造了必要的技术前提,尤其是阿塔纳索夫发明电子管以后,为研制高速计算机提供了优良的基本器件。三极电子管栅极控制电流开关的速度比电磁继电器快了10000倍,用电子管代替齿轮装置和电磁继电器,就有可能使运算速度从机械运动水平提高到电子运动水平,这就为电子计算机的产生做好了充分的准备。

1937年冬天,阿塔纳索夫产生在计算机中引进电子技术的设想,并很快就向学院申报了设计制造方案。

在阿塔纳索夫及其助手贝利的共同努力下,这种用电子技术装备起来的计算机造成了,可以求解含有30个未知数的一次联立方程组,功能强大无比。他将计划中的计算机命名为 Atanasoff-Berry-computer,意即"阿塔纳索夫-贝利计算机",简称为 ABC 计算机。

经过两年的努力,他们终于制成了计算机内的一个关键部件——控制器。ABC 计算机的逻辑结构和电子电路设计,为以后的电子计算机的研制起到了至关重要的作用。

巨型机器

在第二次世界大战中,如何击落法西斯侵略者的飞机和各种高速的飞弹成了军事科学的首要议题,弹道计算问题成了关键环节。

美国炮兵部队阿伯丁弹道研究实验室采用了当时最先进的专业机械计算机——布什微分分析机来计算弹道表,但这种计算机经常出故障。由于美国参加了战争,弹道计算工作量迅速增长,于是就招募了大量专业人员参与计算工作。当时,物理学的发展使人们对"电"与"电子"的性能已有一定认识,机电计算机(全部采用继电器)已经崭露头角,"电子管"等一些电子元件已经问世。宾夕法尼亚大学莫尔学院已经研制了一种电子放大器来代替布什计算机的机械放大器,并研制出了光电曲线仪来记录输入输出。弹道研究实验室的负责人意识到这些进展对计算工作意义重大。1943年初,应弹道研究实验室的要求,莫尔学院年轻的物理学家莫克利和埃克特提交了研制"电子数字积分和计算机"(eletronic numerical integrator and computer,简称 ENLAC,中文译名"艾尼阿克")的技术报告。1943年,这个计划正式实施,莫克利提出了电子计算机的总体设计方案,埃克特担任总工程师。人类历史上第一台电子计算机试制工作的序幕,就这样拉开了。

1943年"艾尼阿克"试制计划开始实施了。方案的提出者莫克利教授出任总设计师一职。24岁的埃克特担任总工程师,在制造过程中遇到的一系列复杂的工程技术问题,都由他负责解决。年轻的逻辑学家勃克斯参与逻辑软件的设计工作。风华正茂的戈德斯坦中尉作为杰出的组织者和数学家,在数学上提供十分有益的建议。整个工程吸收了大约200多人,经过两年多艰苦的创造性劳动,"艾尼阿克"的试制工作终于胜利完成了。

1945年底,这台标志着人类智力解放的巨大机器,庄严地宣告竣工。1946年2月15日,在正式的揭幕仪式上,艾尼阿克做了第一次公开表演。

此时,第二次世界大战的炮火早已停息,艾尼阿克虽未能直接为反法西斯战争立下功勋,但它却给全世界、给全人类带来了不可估量的伟大影响。

第一台电子计算机是个笨重的庞然大物,它占地 170 平方米,总重量达 30 吨,其耗电达 150 千瓦时。它里面约有 18000 个电子管,1500 个继电器,7 英里长的铜丝和 50 万个焊接头,代替了马克的 76 万个转动机件及无数的电阻、电容等,信息由快速的电脉冲传送。当然,艾尼阿克的计算速度是无与伦比的,它每秒钟可作 5000 次运算,比当时已有的最快的继电器式计算机要快上 1000 倍。它可以胜任广泛的科学计算。当时计算中的最复杂的问题,要数描写旋转体周围气流的五个双曲型偏微分方程组了,这个问题如果让机电式计算机来计算,需要花一个月以上的时间;如让人工手算,则要花上几年时间,而艾尼阿克仅用一个小时,就把结果准确无误地全部告诉了人们。

艾尼阿克的诞生实现了多年来人类将电子技术应用于计算机的梦想,为进一步提高运算速度开辟了极为广阔的前景。

艾尼阿克是人类计算工具发展史上一座不朽的丰碑。它是世界上第一台真正能运转的大型电子计算机。正是它同几年后制成的冯·诺伊曼机一起,奠定了现代计算机原型。艾尼阿克连同它的设计者的名字已被永久地载入了史册。

精益求精

1944 年,冯·诺伊曼参与了莫尔学院的工作,他指出了"艾尼阿克"的缺点。"艾尼阿克"的一个弱点就是它的程序设计是外部输入型的,必须通过事先改变开关位置和连接线路将程序输入,要计算一个新问题需要花数周时间检查和输入程序。经过与其他专家的反复研究和讨论,他提出了"电子离散变量自动计算机"(electronic discretevariable automatic computer,简称 EDVAC)的设计方案。这个方案相对于"艾尼阿克"

有两个重大改进,一是改十进制计算为二进制;二是不再用外插线路将程序输入,设计了专门用于储存数据和程序的存储器。这个设计方案确定了现代计算机的5个基本部件:输入器、输出器、运算器、存储器、控制器。这种设计结构被尊称为"冯·诺伊曼结构",仍然用于现在的计算机。后来,EDVAC的研制工作移师普林斯顿高等研究院。1951年,机器交付使用时,又作了两大改进,一是将串行计算改为并行计算;二是将同步控制改为异步控制。它的计算速度比"艾尼阿克"快240倍。

前景广阔

从第一台计算机问世以来的短短50余年间,电子计算机已发展到第4代产品。人们正在为研制第5代智能计算机而努力,这么快的发展速度是任何人在事先都难以想像的。

ENLAC 和 EDVAC 的主要元件用的都是电子管,这是第一代电子计算机,此后,电子计算机的发展又经过了三代。1948年,晶体管问世,因此从1956年开始,计算机的主要器件逐步由电子管改为晶体管,并采用了磁芯存储器,这使得第二代计算机的体积大大缩小,而且降低了计算机的能耗,使运算的速度大大提高了。这一时期计算机的速度可以达到每秒千万次浮点运算。另一方面,计算机的价格不断下降,使计算机在其他行业得到了广泛的应用。尽管以晶体管替代电子管使计算机产生飞跃性的发展,但晶体管工作时产生的热量仍然容易使计算机脆弱的内部元件受损。1958年,美国德州仪器公司的工程师成功地在硅片上把多个电子元件结合在一起,并称之为"集成电路"。集成电路使计算机的体积缩小,功耗、价格进一步下降,速度与可靠性相应提高。第三代计算机的速度最快可达每秒100万次。第四代是大规模集成电路计算机,目前应用得最广泛的个人电脑就属此列。集成电路出现以后,唯一可发展的方向就是使硅片变得更小,电路集成度越来越高,20世纪80年代出现的超大规模集成电路,一块芯片上包含了数百万个元件。

随着大规模集成电路的迅速发展,计算机的发展实现多元化:有一般的商用台式机,有专门用于劣环境下的工控机,也有用于科学计算的巨型机,等等。计算机的价格越来越低,速度越来越快。20世纪90年代初还只能在工厂和大学实验室看到的计算机,如今已经走入家庭。这些计算机除了运算速度成倍增长外,还可播放声音与图像。目前,日本、美国等一些发达国家已经开始第五代计算机的研究,使计算机向着智能化方向发展。

现代计算机是20世纪,也是人类历史上最伟大的发明之一。虽然,它只是作为进行数值计算的超级计算机被发明出来的,但是,计算机自从问世以来,已经对人类社会的经济、政治、法律、教育、哲学、心理等方面都产生了巨大影响。随着计算机科学的不断进步和计算机应用范围的不断扩展,计算机对人类社会的作用将日益深广而巨大。人们完全有理由预言,未来的计算机将是人类的好帮手,人们的生活将离不开计算机。

录像机

记录真实的图像,留住精彩的节目。作为20世纪最有影响的技术成就之一,录像机让昨日重现。

真实重现

电视机诞生后,人们就萌生了把电视信号记录下来以便重放的念头,犹如录音机把声音录下来日后重放一样。

1928年10月,一位叫芬奇·巴耶特的英国人申请了唱片式录像的专利,并生产了试用唱片,20世纪30年代曾公开销售,售价35便士。制作时,巴耶特先把30线的扫描图像通过特殊的设备转变为音频信号,然后像制作唱片一样在录像唱片上刻出螺旋沟槽。这种录像唱片必须跟电视机和电唱机(包括拾音设备)同步使用。

正当人们对巴耶特系统感到新奇的时候,旅居英国的俄国科学家日乔鲁夫提出了以电磁方式记录电视信号的方式。

1927年1月,他设想,利用波兰人波尔逊发明的钢丝录音技术,不仅可记录声音,而且还可记录图像。日乔鲁夫在英国申请到了这种设想的专利,但却未能付诸实施,加之他无力支付一年一度的专利年费,不久,连那专利权也终止了。

机械式录像机只能记录30线的扫描图像,但1936年,黑白电视机的线数已发展到405线,以后出现的彩色电视机则发展到625线,这对机械式录像机是个致命打击,因为用机械方式的扫描无法达到这么快的速度。

人们开始设法用电子扫描的办法制造电视录像设备。

20世纪50年代中期,英国广播公司发明了电子录像机,它有两个大磁带盘,磁带以每秒5米的惊人速度通过一个静止的录像磁头。不过,这台电子录像机尽管可以现场重放,却显得过分笨拙,实用性很差。

因此,还在试制阶段,它就已先陈旧过时,不久,它就只能出现在伦敦街头的电子处理品摊上,拆得七零八落,彻底夭折了。

1956年4月,美国的安潘克斯在国家广播协会的内部展出了第一台实验性的磁带录像机,它在技术上有新的突破。其磁带宽50毫米,走带速度减慢为每秒39.7厘米,磁带通过一个带有四个磁头的磁鼓,该鼓形盘每秒的转速为250转,使四个磁头都能斜向扫描磁带整个宽度,留下一系列磁迹。它使用的是调频法录像,而不是早先的调幅录像法。安潘克斯公司的第一台录像机价值7.5万美元,体积比一辆小汽车还大。

1959年,美国总统尼克松应邀访问前苏联,美苏两国首脑会谈时,尼克松与前苏联共产党第一书记赫鲁晓夫之间进行了一场著名的"厨房辩论",大意是资本主义好还是社会主义好。美国记者当场做了现场采访。几分钟后,美国新闻媒体将尼克松与赫鲁晓夫的唇枪舌剑向全世界作了电视实况转播,赫鲁晓夫见此大吃一惊,他清楚地记得"厨房辩论"时没有电视转播设备,美国佬如何能把他的动作如此逼真地重新播放出来?

那就是资本主义的美国刚发明的录像机,而尼克松和赫鲁晓夫则成了世界上最早的两位录像明星。

此后,录像机引起了公众的广泛兴趣和注意。

日臻完善

随后,德国德律风根公司和日本东芝公司发明了螺旋扫描技术,使录像技术更趋完善。新型螺旋扫描录像机内装一个可旋转的磁鼓,上面有一个或数个录像磁头,磁头斜着扫过磁带,就像螺钉的螺旋线一样。这样,可以使每条磁带的磁迹精确地对应着一幅完整的画面所给予的视频信号。旋转磁头还可以重复地拾检某一幅画面的信号,在电视荧光屏上再现出一幅静止图像。这样一来,录像机的体积缩得更小了。

随着半导体器件的飞速发展以及集成电路和大规模、超大规模集成电路的出现,录像机的体积大大地缩小了。1974年,诞生了可在家庭内使用的家用录像机。其磁头每分钟旋转1500转,磁迹精确度为1~2微米,录制速度每秒5米。

录像机可称得上是家用电器中结构最精密、最复杂的电器。例如,在装配录像机的心脏即鼓形盘机时,其误差不能超过一根头发丝的宽度。现在的磁带录像机机内共有2500个分立元件、5500多个接线端,其中包括30块集成电路,整个机器所用的元件相当于4万个晶体管。如果不用集成电路的话,得需要4平方米的普通印刷线路板才行。

相比之下,彩色电视机就简单多了,它只有350个组件。录像机在录放彩色电视节目的时候,如果走带速度以每秒2厘米计,它的信息量就相当于200台录音机或者1000部电话同时工作时的总信息量。难怪有人把录像机称为"家庭中最复杂的电器"。

广泛普及

随着录像机的广泛普及,人们对录像节日的需求量也越来越大。人们在生活中购买、租借、传阅录像带变得越来越普遍。于是,录像带的复制技术也随之显得重要起来。

由于传统的录像带复制方法使质量难以保证,为此美国福斯特市奥塔里厂以掺钕钇铝石榴石激光器构成了热磁复制声像带系统。这种工艺是由杜邦公司发明的。该系统能在 17 分钟左右时间内复制好 18~20 部 120 分钟的电影拷贝。

随着录像机越来越广泛地走进人们的生活,看录像已悄然成为人们休闲时间的主要娱乐活动。

许多人都非常喜欢足球射门和篮球投篮等精彩节目,您想到过制作一套体育集锦节目吗?现在的录像机大都具有节目编辑功能。

现场直播在美国举行的奥运会比赛,时间上对我们来说几乎都在深夜,给收看节眉带来极大不便。而有了录像机就没有问题了。录像机的定时录像功能一般可设置 6~8 个录像时段。现在还有一种叫"易录宝"的傻瓜定时器,使操作更加方便。

或许您担心录像时磁带长度不够,错过了最激动人心的结局,或者您希望在一盘磁带上多录些内容,这也没有问题。现在的录像机大都有慢录像功能(LP)和标准录像功能(SP)。如使用 240 分钟的磁带,在 LP 方式下,您实际可取得的录放时间长达 8 小时,重放时由录像机自动识别录制方式。

现在,从城市到乡村时兴用摄像机的镜头把一个个有意义的生活场景记录下来。这是一种高雅的家庭文化活动,它既可以慰藉家庭成员之间的情感思念,也可以陶冶性情增添乐趣。

国外有的学校安装了录像带自助借阅机,里面备有一千多盒有关三十多名教授讲课的录像带,误课学生只要投入相当于7.5元人民币的硬币就可启动机器,选择自己所需要的录像带补课。

还有,在保安方面,用两台摄像机能同时对一个处于监视的地区录下两套图像。

在体育训练中,也能使用这种技术来拍下一名运动员在训练中的两套图像。

总之,录像机的问世,大大地改变了人们的工作、生活和学习方式。

时代在发展,科学技术也在进步。录像机也进入了一个新的时代。数字技术在影像业中的应用使录像机也上了一个新台阶。

数码摄像机(Digital Video)DV 的推出使家用摄像机出现一个实质的飞跃,DV 摄像机采用新一代的数码录像带,体积更小,录制时间更长,由此带动了 DV 摄像机的向更小、更轻、更好的方向发展。

我们相信,这不是发展的终点,将来一定还有更好、更先进的录像机出现。

集成电路

科学技术的发展是无止境的。晶体管与电子管的诞生,实现了电子器件的小型化。1958年,世界上第一块硅集成电路的制作成功,又揭开了新的"微电子时代"的序幕。

观念革命

晶体管取代电子管之后,电子计算机的体积大大缩小,可靠性大大增强。但是,随着对电子计算机功能要求的不断提高,使用的晶体管、电阻和电容等元件愈来愈多。甚至已经达到几十万、甚至几百万个。这样积少成多,电子计算机又渐渐地"胖"了起来,要想在飞机、人造卫星、导弹中装上复杂的电子设备,体积和重量再次成为问题。人们又在思考,怎样才能使晶体管等元件变得更为小巧轻便呢?

当初,也有不少人设法缩小电子管的体积,但体积太小,阴极发射出的电子数量就少,以致无法工作。晶体管则不存在这样的障碍。晶体管刚问世时,它真正的工作部位的体积只有半粒芝麻那么大。即使这"半粒芝麻",我们还可进一步将它缩小到针尖那么大小。从原理上讲,它可以小到和分子相比较的地步。但是,晶体管即使做得那么小,还解决不了问题。因为每个晶体管都有三只脚,它们既是晶体管对外沟通的导线,又兼作晶体管的支架。这三只脚怎么处理呢?总不能用细到几乎看不见的导线来代替吧。这样细的导线不仅焊起来吃力,而且一碰就断,机器的可靠性大成问题,岂不是弄巧成拙吗?

达默在 50 年代首先提出来虽然单个的晶体管不宜做得太小,但可以将许多晶体管、电阻、电容等元件做在一起,使用时可以少连很多线,以缩小体积、提高可靠性。何况许多电子部件本身就是固定组合,例如触发器、放大器等。这就是集成电路的设计思想,是电子学在观念上的一次重大革命。可惜当时由于工艺水平的限制,达默未能亲自将他的科学预想变为现实,他的设想还只能是一个美好的愿望。

电路升级

达默的科学预想,终于在美国的土地上生根、开花。一位初出茅庐的美国年轻的电机工程师——杰克·基尔比首先将这一预想变为现实。

1923 年 11 月,基尔比生于密苏里州杰斐逊城,1947 年毕业于伊利诺大学物理系,1950 年获威斯康星大学理学硕士学位。1958 年夏天,当时担任美国得克萨斯仪器公司副经理的基尔比,接受了一项设计电子微型组件的任务。所谓微型组件,就是把分立的电子元件尽可能做得小些,把它们尽可能紧密地封装在一个管壳内。在设计过程中,基尔比敏锐地发现,这种微型组件的成本高得惊人,制造这种微型组件的打算不切实际。怎么办?他想到达默的理论,下决心按照这种新奇的办法试一试,把包括电阻、电容在内的一切元件都用半导体材料制作,使它们珠联璧合,形成一块完整的微型固体电路。

基尔比的试制工作分两步进行:第一步,把电阻、电容等元件改由硅材料制作,用腐蚀出的硅条做电阻,硅上的氧化层做电容;第二步,把电阻、电容和晶体管全做到一块硅片上。半个多月的苦干,终于结出硕果。1958年9月12日,世界上第一批(共3块)平面型集成电路——相移振荡器制成了。翌年3月,该集成电路首次在美国无线电工程师协会举办的展览会上展出。

几乎与此同时,美国仙童公司的诺依斯等人也在进行集成电路的研究。他们曾经在晶体管的发明人肖克莱的手下工作过。基尔比发明集成电路的消息传来,更加鼓舞了他们深入研究的决心。他们发现,基尔比仅仅是在一块半导体材料上同时制造出几个元件,而元件之间还要靠纤细的金属导线焊接起来,这样并不能发挥"集成"的作用。于是,他们采用平面晶体管制造工艺,依靠硅晶体氧化生成的二氧化硅对掺杂的屏蔽作用,并在二氧化硅的表面上沉积金属作为导线,从而不用焊接而形成了完整的集成电路。

因此,实事求是地说,是基尔比发明了第一块集成电路,而诺依斯则使集成电路的制造更专业化,并将它推向工业化生产。

集成电路的出现,适应了电子技术发展的需求,主要是实现了电路的微型化、高速度、高可靠和低成本。

无论是计算机、电视机、雷达还是别的什么电子仪器,在诞生之初并不能很快得到广泛应用,主要原因之一就是设备的体积和重量太大。比如现在早已普遍使用的电子手表,其核心是一块包括大约3000个晶体管的中规模集成电路。倘若用晶体管和其他分立元件来组成这个电路,那么这块"手表"大概要比一台电视机还要笨重。由超大规模集成电路组成的微型计算机,其功能早就超过了50年代所谓"大型"计算机。这就是集成电路带来的微型化。

微型化的同时带来了高速度。因为尽管电信号的传播速度是300000千米/秒,但这也意味着,信号每通过30厘米的导线,就要延迟1纳秒的时间。倘若电子设备是由几十万、上百万个分立元件组成,它们之间的连线总长度就十分可观,每一个信号仅仅在这些导线上通过,延迟的时间就会达到若干毫秒,这对于要处理大量信号的现代电子设备来说是无法容忍的。

随着电子设备中元件数量的增加,可靠性也显得越发重要。例如,一个包括300万个晶体管的处理器,假如用分立元件来组装,即使每个元件能可靠地工作100万小时(这是根本不现实的),那么平均每20分钟就会出现一次由于元件失效造成的故障,而为了排除这个故障又不知要费多少时间!

集成电路上的所有电路都是一次性制造出来的。大规模集成电路和中小规模集成电路的制造成本相差并不悬殊。这就像照一张集体合影的成本并不比照单人照片更贵一样。

全面出击　重大突破

集成电路的发明是继电子管、晶体管发明之后,电子技术领域的一次重大突破。集成电路诞生后,很快被用于电子计算机中。集成电路的电子计算机,称为第三代电子计算机。

影响最大的第三代计算机,是国际商用机器公司(英文缩写为IBM)生产的IBM360计算机系统——人们称之为"第三代电子计算机的里程碑"。

在电子计算机的第一代和第二代发展时期,IBM公司使用的元件主要靠外购,而在第三代的360系列计算机的开发中,该公司开办了几个元件厂,自行生产集成电路,只外购少量元件。从此,IBM公司不仅是世界上最大的计算机制造公司,也是一个具有先进水平、规模很大的元器件研制生产单位。

IBM360 计算机系列在 1965 年问世。由于它具有通用性、系列化和标准化等优点,性能价格比(性能与价格之比)高,取得了极高的利用率。到 1970 年 7 月 1 日止,共售出 32300 台,对美国乃至全世界的计算机行业都有着深远影响。无论是日本和西欧,还是前苏联和东欧,都纷纷参照和仿制 IBM360 制造与 360 系列机兼容的机型。从此,向 IBM 系统靠拢、看齐,成了计算机行业中一种世界性的趋势。

电子革命

集成电路是现代高技术的产物,这是毋庸置疑的。

看似并不引人注目的集成电路,却是整个电路的核心。在一块芯片上集成越来越多的电子元件,主要不是靠扩大芯片的面积,而是不断缩小每个元件和元件间连线的尺寸,这就带来加工技术的革命——超精细加工技术。实际上,现代集成度超过百万元件的超大规模集成电路的芯片面积仍然在 1cm² 以下。

1964 年,包括 4 个"逻辑门"的小规模集成电路出现了。

几年以后,人们已经能在米粒大小的硅晶体上制造出包括几十到几百个元件的中小规模集成电路。习惯上,人们将包括不超过 10 个逻辑电路、元件数在 100 个以内的集成电路称作小规模集成电路,而将包括 10~100 个逻辑门电路、元件数在 10~1000 个的叫做中规模集成电路。

1967 年,大规模集成电路出现了,它的标志是在一块硅晶体芯片上包含 100~5000 个"等效门",即功能相当于这么多逻辑门电路,元件数在 1000~10 万个的叫大规模集成电路。

10 年后的 1977 年 4 月,一块面积只有 30 毫米的硅晶体上,竟集成了13万多个晶体管,从而标志着超大规模集成电路的诞生。

20世纪90年代以来,超大规模集成电路技术的发展更加迅猛,包含300~500万个晶体管的计算机中央处理器和随机存储器早已商品化。有人预言,在一块芯片上集成上亿个晶体管是完全可能的。

随着技术的发展,现代纳米技术(1微米等于1000纳米)在集成电路的发展中发挥着重要作用。

集成电路的诞生,带来了电子领域的根本性革命。它对航空航天技术、自动化技术、激光技术的发展产生了重大影响,而微型电子计算机的诞生则可以说是集成电路发展的最高成就。另一方面,集成电路的急剧发展也使得电子产品的价格性能比急剧下降,达到了空前的普及,从而使人类真正进入电子化时代。

卫星通信

卫星通信作为一种现代通信手段，使世界各地的人们得以更快捷更方便地联系。地球变小了，空间科技的迅速发展使人类受益匪浅。

进入实用

早在1945年10月，英国物理学家、作家克拉克在一本名为《无线电世界》的杂志上发表了一篇科学幻想文章，描述了人类利用三颗与地球同步的人造卫星作为空间通信站进行全球通信的壮丽景观。12年后，1957年10月，前苏联发射了世界上第一颗人造地球卫星，开创了人类历史上的航天时代。此后不久，通信卫星的研究就提到议事日程上来了。

1958年12月美国空军利用"斯科尔"卫星进行了磁带录音传输试验，这是世界上第一次通信卫星试验。1960年8月，美国陆军利用"回声1号"卫星星体反射电磁波进行了电话和电视的横跨大西洋无源中继试验。这些试验成功地证明了卫星的通信能力，也使人们认识到实用的通信卫星必须采用通信转发器和太阳能电池。

1962年7月，利用美国宇航局发射的"电星1号"有源通信卫星，美、英、法三国联合进行了横跨大西洋的电视、电话、电报和传真传输的试验，为商用卫星通信技术奠定了基础。同年8月，前苏联利用"东方3

号"和"东方4号"卫星完成了卫星间的通信试验。

1963年11月23日，美国和日本进行了第一次横跨太平洋的卫星电视转播试验，在试验开始前大约两小时，发生了美国总统肯尼迪被刺事件，于是这条现场录像的电视新闻就成了试验时转播的第一条新闻，从而使人们更深刻地认识到卫星通信的巨大优越性。

但是，当时运载火箭的推力还不够大，上述卫星还是低轨道卫星，它们以很快的速度沿着椭圆轨道绕地球运行。

由于卫星运行与地球自转不同步，卫星在空中的位置不断变动，地面上相距很远的两点每天能利用卫星通信只有几次，每次的通信时间最长才20~30分钟，所以这种移动卫星不能用做洲际通信。

随着空间技术的发展，人类不仅提高了运载火箭能力，而且掌握了同步轨道卫星的发射技术和保持卫星位置的控制技术。

1963年7月，美国宇航局把"同步2号"通信卫星送入同步轨道，并进行了美、欧、非三大洲之间的洲际通信试验，从此以后，世界进入了卫星通信的时代，使克拉克的幻想终于变成了现实。

1964年8月，美国向太平洋上空的同步轨道发射了"同步3号"通信卫星，通过这颗卫星向全世界进行了东京奥林匹克运动会实况电视转播，通信卫星开始进入实用阶段。

同月，世界商用卫星临时组织宣告成立，次年4月，发射了"国际通信卫星-Ⅰ(IS-1)"，首先在大西洋地区开始用同步卫星开通商用通信业务。

无"线"飞跃

必须要具备通信卫星和地面站才能进行卫星通信。地面站，也叫地球通信站，它是用来向卫星发射无线电波和接收卫星转发回来的无线电波的。因此，在地面站中至少要有一套无线电发射机和接收机。地面上两个以上的地面站和太空的通信卫星就构成了卫星通信系统。

卫星通信是一种无线电通信，携带信息的无线电波从一个地面站出发，穿过大气层、电离层到达卫星，然后又经卫星转发返回地球到达地面上的另一个通信站。由于长、中、短波都不能穿过电离层，因此，卫星通信所用的无线电波必须是频率在超短波以上的微波，所以，卫星通信也是一种微波通信，是中继站在太空的微波通信。

无源卫星是人们最早送到天空上去用于通信的，靠本身对电波的反射来完成转发信号的卫星，由于反射回地面的电波非常微弱，要求地面的发射机功率很大，接收机灵敏度很高，难于广泛使用。经过一段时间的试验后，无源卫星很快被有源通信卫星代替了。在有源通信卫星上，装有接收机和发射机，对信号进行放大处理。随着卫星通信技术的不断进步，通信卫星不仅能转发、放大信号，而且能处理信号并且功能越来越强。

在目前的国际卫星通信中，绝大多数采用的是静止卫星。因为这种卫星正好在赤道上空，距地面约有36000千米高，这时它绕地球一周的时间刚好等于地球自转一周的时间(24小时)。因此，当我们从地球上去看它时，就真像是静止不动的一样。由于静止卫星绕地球运转的周期与地球自转的周期相同，也就是说与地球自转同步，因此，静止卫星也叫同步卫星。同步卫星上发射的无线电波可覆盖地面上1/3以上的区域，也就是说，在同步卫星的圆形轨道上等间隔地放置三颗同步卫星，就足以实现全球范围的通信。由于相对地面不动，使得地面站的天线方向很容易保持指向卫星。但同步卫星距地面很远，这就不但要求地面站的发射机发射功率很大，而且要求接收机灵敏度很高。另外，将卫星送到亦道面内的同步轨道上,不管技术上还是经济上代价都很高。

相对于同步卫星,异步卫星是椭圆轨迹,绕地球运行的周期小于24小时,与地球自转不同步,也就是说,从地面上向天空看,它是运动的。但异步卫星可以距离地面较近,只有几百千米到几千千米,而且轨道面与赤道面可以成任意的夹角。由于异步卫星距地面近,地面发射机可以功率较小,接收机也可以简化,地面设备便可以做成很小的易携带的手持机型。

现在,卫星通信已成为长距离、全球通信的主要手段。通信业务从简单的电报、电话,发展到电视、数据传输、传真、综合业务数字网、导航、定位、应急通信等新业务;站址从固定发展到移动;信号从模拟到数字;用户从民用到军用。随着世界范围信息高速公路的建设,卫星通信的使用范围将会越来越广。

扬长避短

为什么要利用卫星进行通信呢?这是由于卫星通信有以下优点:

第一,卫星通信覆盖区域大,通信距离远。一颗同步卫星就可覆盖地球上 1/3 以上的区域,覆盖区域的最远距离达 18000 千米以上。

第二,卫星通信的频带宽、容量大。卫星通信采用微波波段,一颗卫星上可以设置多个转发器,故通信容量很大。

第三,卫星通信广播式转发信号,具有多址连接能力。卫星覆盖的是一个区域,即广播式工作,卫星是服务区域的地面站共用的,因而,服务区域内的任一地面站可与另一个或多个地面站进行通信,并且也更适合于传输电视信号。

第四,卫星通信的信号传输质量好,可靠性高。由于卫星通信的无线电波传播路径绝大部分是在大气层外空间,且仅经过卫星一次转发,因此,噪声干扰小,性能稳定可靠,通信质量好。

第五,卫星通信的成本与距离无关。卫星通信的地面站至空间转发器这一区间并不需要线路投资,通信卫星一旦进入轨道以后,所需的维修费用比地面上其他通信设备要低得多。然而因为卫星的寿命有限,必须定期替换它。由此不难看出,卫星通信系统的费用将在很大程度上取决于卫星的可靠性。

第六,卫星通信机动灵活。卫星通信的建立不受地理条件的限制,地面站可以建立在边远山区、岛屿、汽车、飞机和舰艇上。只要建立起地面站,就可以与同一系统内的其他站进行通信。

以上是卫星通信的优点。但它也有缺点。其中主要包括:

第一,技术要求高。卫星通信需要有高可靠性、长寿命的通信卫星,而要做到这一点并不容易,这需要高、精、尖的科学技术支持。而在目前,只有极少数的国家能够运筹帷幄。

第二,卫星通信要求地面站拥有大功率的发射机和高灵敏度的接收机。正因为卫星重量受到严格限制,能量非常分散,加上大约 4 万千米的路程损耗,卫星信号到达地面站时已经是相当微弱了。因此地面站必须采用大功率发射机和高灵敏度的接收机,而这又使地面站变得很庞大。

第三,卫星通信有较大的信号延迟和回声干扰。无线电波在空间的传播速度等于光速,每秒 30 万千米。当利用同步卫星进行通信时,信号经地面站发射经过卫星再转发到另一个地面站时,单程大约 8 万千米。进行双向通信时,通话双方一问一答往返共达 16 万千米,共需 0.6 秒时间。如果传输电话,0.6 秒时间的延迟叫人听起来就有一种不自然的感觉。另外,电话用户线是二线传输,即收、发线共用,而市话中继和长途线路都为收发分开的四线传输，两者之间需要接入一个相互转换的耦合电路，由于转换电路的隔离作用总不是那么理想，使得对方来的信号有一部分经转换电路又返回对方去，对发话人就形成了回声干扰，使发话人听自己讲话就像面对山谷喊话一样。解决的方法是加回声抑制器。回声抑制器的原理是利用话音电流的有无自动地接通或关闭卫星线路，从而使回声无法返回来。

第四，卫星通信存在卫星蚀及日凌中断现象。在每年的春分和秋分季节里，在午夜，由于地球遮挡太阳，会发生卫星蚀，同步卫星上的太阳能电池无法使用。此时必须用卫星自带的蓄电池供电。在白天，当太阳、卫星和地面站在一条直线上时，地面站天线对准卫星同时也正对太阳。这时，强烈的太阳射线干扰噪声进入接收机，使信噪比急剧下降，通信质量变差甚至通信中断，这就是日凌中断现象。卫星蚀及日凌中断发生的区域和持续时间都可事先预报。

正如上所述，卫星通信虽存在不足之处，但都是可以避免和改进的。卫星通信作为现代通讯手段之一，在以后的岁月里必将发挥越来越大的作用，它将使地球变得越来越"小"，人类联系更加紧密。

因特网

于1969年问世、1993年才对公众开放的因特网的迅速发展，使现实生活发展到匪夷所思的地步。到1999年底，全球因特网使用者达2.6亿，预计2005年可达到7.65亿，计算机网络已经把全世界联成为一个"地球村"，全世界正在为此构筑一个"数字地球"。

美国科学家米歇尔·科兹曼曾经下过一个重要论断："19世纪是铁路时代，20世纪是高速公路系统时代，21世纪将是宽带网络时代。"

网络雏形

1946年第一台电子计算机问世后，尽管由于它代替了部分人脑劳动，因而被誉为电脑，并在人类文明史上，谱写了划时代的光辉篇章。但是，在很长一段时间内，电脑不但体积庞大，而且十分昂贵，仅极少数大型企业有购置能力。当时，上机既费时，又费力，很不方便。于是，人们很自然地想到，能否将需要求解的"题"的有关数据和程序，通过电话线路送到电脑上，再将"答案"通过电话线路送回来呢？

1950年美国军事部门在本土北部和加拿大境内，就用这种方法建立了地面防空系统，简称"赛其"(SAGE的音译)系统。这在电脑发展史上，虽然是一个创举，但严格地说，并不能称为网络(简称"网")。因为它的另一端并非电脑，而仅是一个数据输入输出设备，或称终端设备。这种"联机系统"是电脑网络的雏形,迄今仍有使用价值。例如航空、铁道部门在各个售票点利用"终端",就可全面、精确了解航班、车种、车次的余票信息,明显地提高了工作效率和工作质量。

1968年,美国国防部提出一种设想:如果能够建立一个网络系统,类似蜘蛛网,它的特点应该是没有中心,一旦战争爆发,一部分网络被破坏,其他网络可以照常工作。为此,美国国防部在其下属的高级研究项目署(ARPA)成立一个专家小组,专门研究这个所谓的"蜘蛛网"系统。研究人员把若干小型计算机相互连接起来,当时把这一组计算机称作信息处理器,实际上是一个小型的计算机局域网络。研究结果表明,完全可以建立一个计算机网络通信系统,该系统可以不需要中心控制系统,在局部系统遇到破坏的情况下,整个系统照常运转。ARPA网由4个相互连接的计算机网络组成,3个设在加州大学洛杉矶分校,另一个设在内华达州。尽管ARPA网还处在研究阶段,但是由于它运作顺利,很快在学术界传开了,人们纷纷要求加入ARPA网。

1972年,研究人员首次运用ARPA网发送电子邮件,便获得成功,这标志着网络开始与通信相结合。进入20世纪80年代,计算机网络技术开始从美国传到世界各地,但也只是局限在研究部门和大学的范围,然而它的商业潜能已默默地引起了各国的注意。

联通全球

到了20世纪70年代晚些时候,随着家用电脑问世并开始进入千家万户,人们已不满足微型电脑"与世隔绝"的工作状态,由此引发了将众多计算机联系起来实现资源共享的设想。同时,美国军事机构五角大楼的电脑网络逐渐演变成容纳了其他政府部门、大学和图书馆的网络中心。1980年,技术上的发展和完善,拉开了建立全球电话电脑网的序幕,全世界越来越多的电脑开始通过电话线被连接起来,组成了一个人类有史以来最大的机器网络。这个庞然大物,就叫做国际互联网络,也就是人们习惯上所说的因特网(英文 Internet 的音译)。它具有两个重要特点:一是大。据1998年7月的统计,随着微型电脑的迅猛发展和普及,因特网已经覆盖212个国家和地区。目前全世界登记的"域名"多达650多万个,用户已经超过1亿。二是规范统一。因特网统一遵守 TCP/IP 网络协议,为各种应用的开发提供统一的"平台";更由于网上有极丰富的信息资源可以共享,因而无论是政府、企事业单位、团体、家庭,直到个人,都正在不断掀起上网的热潮。

通信和交流已经成为今天因特网发展的主要目的。从远古时代的飞鸽传书、狼烟烽火到近现代的电报、电话,直至现代通信、计算机网络、多媒体等技术的广泛运用,超越人类想像的变化,揭示出人类社会所面临的一场前所未有的深刻变革:以因特网为代表,融合了计算机网络、现代通信、多媒体的高新技术迅猛发展,数字化信息技术革命浪潮将人类生活推入了一个崭新的时代。因特网早期主要应用于电子邮件(E-mail)的收发、远程登陆(Telnet)、Gopher 和文件下载(FTP),所有这些应用都需要有相当的计算机知识才能使用。这种局面直到1990年 Tim-Berners-Lee 发明了万维网 WWW (World Wide Web) 之后才逐渐改变。WWW 通过建立 Web 网站进行信息的发放,用户通过操作简单的浏览器软件,以图形界面 GUI(GraphicUserInterface)来访问这些网站,并可以通过超文本链接,转接到其他相关网站。WWW 极大简化了网上信息的发布和用户访问。真所谓"大千网界,任我遨游"。

因特网从最初的军方政府网络,发展到校园学术研究网络,再到今天的商业化网络,正反映了传统的技术到商品的转化过程,市场需求和商业驱动便成为技术发展的原动力。20世纪90年代以前,因特网的使用曾一度仅仅局限于研究与学术领域,商业性机构进入因特网一直受到诸多法规或传统的困扰。因为像美国国家科学基金会这样出钱建造因特网的政府机构对因特网上的商业活动并不是很感兴趣。1991年,美国的3家公司通过自己经营的网络向客户提供一定程度上的因特网联网服务,"商用因特网协会"随之组成,宣布用户可以把他们的因特网子网用于任何的商业用途。因特网商业化服务提供商的出现,使工商企业终于可以堂而皇之进入因特网。

商业机构的涉入使因特网在通信、资料检索、客户服务等方面的巨大潜力被极大地发掘了出来,而且一发不可收拾。世界各地无数的企业及个人的纷纷涌入,带来了因特网发展史上的一个新的飞跃。因特网经济利益的原始驱动直接导致了商业机构的介入,与网络紧密相关的一些公司的规模和数量随之急剧膨胀,许多人因此一夜暴富,因特网造就了像网景、雅虎这样的IT产业的商业神话,微软"维纳斯计划"紧锣密鼓地推出,IBM电子商务的极力倡导和推广等等也无不与因特网息息相关。在中国,新浪、网易、搜狐等早已成为很多中国人所熟悉的因特网门户网站,中国的信息产业巨人联想集团也已经把自己的商业发展重点转向因特网,并已取得了骄人的战绩。可以说,因特网的出现和发展对世界经济发展的重点和方向从根本上产生了影响。

据统计,1998年全世界250个国家中有240个国家提供因特网上网服务。全球因特网服务商达7500家,其中60%在美国,为4500家。因特网共有150万个网址、3.5亿个网页。此外,尚有搜索者无法查到的大量"黑色信息",例如那些不以超级文本链接(HTML)格式存在的大型数据库。现在,至少有1亿人使用因特网。因特网更以每年100%的速度发展,大大高于电话系统5%~10%的发展速度。

信息时代

　　因特网的出现,首先为人们提供了一个划时代的信息媒体。它通过全球的信息资源和 150 多个国家的数百万个网点,向人们提供了浩如烟海、包罗万象甚至是瞬息万变的信息。开放的用户上网,自由的信息进出,决定了因特网上的信息资源是无限的。人们可以在网上迅速方便地和其他人交换信息,也可以免费下载。每一个人都可以在网上直接访问数千个领域内的资深人士或专家本人,也可以针对自己所关心的主题,定期收到最新的信息,还可以在网上尽情地聊天。

光纤通信

光纤通信的发明,使人类信息传输方式有了质的飞跃。人类有理由相信,当我们奔向信息高速公路时,正是光纤通信网织就了我们脚下的跑道。

在日本奈良县生驹市东生驹镇,有 300 户居民家庭使用光导纤维,用双向有线电视把各家各户同电视传播中心、图书馆、医院、学校、车站、商店、银行、剧场、警察局等单位连接起来,使每个人坐在家里就可以通过双向电视终端上课、查阅图书资料、问诊、同亲朋好友交谈、预订车票、选购商品、收看剧场表演的各种节目等等。这个小镇就是举世瞩目的光导纤维实验基地。

光纤通信,属于地面有线通信,是把光信号输入细如毛发的光导纤维而进行通信的技术。它是以激光来取代电流,以光导纤维来取代铜线而已。

远古时代的人们已知道用光来传递信息。公元前 700 多年,在我国北方就修建了许多烽火台,每遇外敌入侵,便在烽火台上升起狼烟以传递警报。近代的信号弹,现代的导航灯塔,都是利用光来传递信息的例子。

19 世纪 30 年代,人类进入了电信时代。1837 年,美国人莫尔斯发明了电报机。1876 年,美国语音学家贝尔发明了电话,1800 年,贝尔又发明了光电话,它利用声音振动话筒的薄膜,并把声音的强弱变化调制到光波上来传输。在接收的一端,有一抛物面镜。它把发送端经大气传来的光波反射到硅光电池上,使光能转换成电流,再把电流送到话筒,于是又复原到原来的声音。由于光电话所用的自然光源在大气中传播时发散严重,而且易受阻挡,因而它只能传输 200 多米,没有什么实用价值。

要使光通信具有广阔的应用前景,必须发现理想的光源,找到良好的光传输介质。1960 年,美国物理学家梅曼制造出世界上第一台激光器,从而使激光作为一种理想光源得到迅速而广泛地应用。激光的方向性强、相干性好、频率极高,是用于通信的理想光源。但激光在大气中传输时,会受到气候条件和障碍物的影响,因此,科学家们又开始致力于理想的光传输介质的研究,终于研制出光通信的理想介质——光导纤维。

光导纤维的研制始于 20 世纪 30 年代,它是用超纯度石英玻璃管在高温条件下,经气相沉淀后拉制而成,细如发丝,有很好的导光性能。但由于它的纯度和均匀度不高,在传输过程中对光波的衰减很大,难以实用。1953 年,荷兰人范赫尔将一种折射率为 1.47 的塑料涂在玻璃纤维上,制成比玻璃纤维芯折射率低的套层,得到光学绝缘的单根光导纤维。虽然塑料套层不均匀,光能量损失太大,但毕竟是当今光导纤维的原型。

英籍华裔科学家高锟对光纤通信技术的发展作出了卓越贡献。1966 年,他首先从理论上指出,如果消除光导纤维中的有害杂质,传光能力将大幅度提高,可以把它作为光通信的介质。他的建议很快被科学技术界采纳。不久,纯度高、导光性能强的光导纤维问世了。高锟是公认的光纤通信的创始人,先后获得 25 项专利证书和许多国际殊荣。1979 年,他获瑞典国际伊利申通信奖;1982 年,他被授予"ITT 有执行权的科学家"称号。

1968年，日本两家公司联合研制出一种新型无套层光纤，能聚焦和成像，称聚集纤维。1970年，美国康宁玻璃公司用高纯石英首次研制成功衰减量为每公里20分贝左右的光纤，迈出了将光纤作为光通信传输介质的重要一步。一根光纤可以传输150万路电话和2万套电视。1973年，光纤衰减量进一步降低到每公里2分贝。尔后，又研制生产出各种超低损耗的光纤。

到1975年，光纤通信正式投入试用。从此，光纤通信时代大踏步地向人们走来。

在光纤通信系统方面，1976年，美国首次进行了码速为44.7兆比特/秒的光纤通信系统试验，到1980年投入商用。1983年日本建成一条400兆比特/秒全长3400千米的24芯单模光缆系统。1985年美国已建成2000千米干线后又建成5万千米的光缆把22个州连接起来。1989年连接美日并由美日合建的总长为9000千米的海底光缆开通。到目前为止，由于光放大器的运用，光纤数字传输系统的传输速率与距离的乘积已超过10兆比特/秒·千米，光纤模拟电视传输系统达到120路的水平。

光纤通信以它独特的优点被认为是通信史上一次革命性的变革，光纤通信网将在长途通信网与市话

通信网中代替电缆通信网,这已为世界各国所公认。

20世纪的最后30年,光纤通信技术发展之快,应用之广,是通信技术史上所罕见的。电话从发明到应用花了60年,无线电技术花了30年。电视技术花了14年,而光纤通信从1970年研制出低损耗的光纤到1975年投入通信试用只用了5年时间。据统计,1980年全世界铺设的光缆总和只有4000英里,1986年为4万英里,1989年猛增至40万英里。现在光纤通信技术已广泛应用于通信、广播、电视、电力、医疗卫生、测量、宇航、自动控制等许多领域。

今后光纤通信的发展趋势,将沿着扩大通信容量,延长中继距离的主方向发展。扩大通信容量将采用光复用技术,如光波分复用系统、副载波复用系统;延长中继距离可采用全光通信系统以至更新的光弧子通信系统。

人们预料,光纤通信将取代许多现行的通信方式而成为一种最主要的通信手段。人们还设想,未来的光纤通信将利用一种新颖的摄像机,将摄取的图像经过一定处理,直接转换成光信号,同时声音也可能通过声—光转换器直接变为光信号,那时的电信设备可能会从通信系统中消失,电就只是作为一种能源来使用了。到了那个时候,电话将变成"光话",电视将变成"光视",电传将变成"光传",电报将变成"光报"……整个通信技术将发生一次划时代的变革,一个奇妙的"光通信"的时代就要出现了!

光纤通信已被国际上誉称为"梦想的通信",展望其广阔的发展前景,正如它那晶莹的纤丝一样,光明灿烂,令人神往。

激光视盘

人们对爱迪生发明的留声机已经相当熟悉,利用一根唱针与唱片之间的振动留下声音——录音和放音。那么,能否进一步把千姿百态的动人图像也与声音一起,在同一张唱片上留下呢?在爱迪生时代,这似乎是个梦想。但是,随着电视和激光技术的发展,科学家们发明了一种激光视盘录像机,已经使梦想变成现实。

要了解这种新型录像机是怎么一回事,我们得重温一下电视的原理。大家一定记得,一张黑白图像,实际上是由一个个黑白程度不同的小圆点——"像素"组成的。电视摄像机的作用,就是把这许多"像素"反射的光学图像信号转变为相应的电信号。对于磁性录音,我们也并不陌生,通过传声器将声音转变为相应的电信号。换句话说,这两种电信号实际上就是图像和伴音的化身。现在我们把这两种电信号经过放大和其他一系列处理后,形成一种易于记录的电信号,并送到激光调制器中去控制一束激光。这束激光强弱变化的规律就与电信号的变化同步。我们再将这束激光投射到一个表面上涂有一层极薄金属膜的旋转着的玻璃圆盘上。由于激光束的能量很大,可使金属膜气化,因而在这层膜上,就像用唱针那样,刻画出一连串的椭圆形凹痕。凹痕的长度前后距离受制于电信号控制。如果在圆盘移动的同时,唱针——激光束还沿着圆盘半径向中心缓缓移动,那么圆盘上就会像普通唱片那样,刻画出一圈圈凹痕。这样,需要记录的图像和伴音就一起被留在圆盘上了。为了复制更多的这种圆盘——录像唱片,可以用玻璃做模板,像在制唱片那样,把塑料薄膜制成录像唱片。

那么,这种录像机又是怎样放像的呢?这是录像的反过程,在放像机的唱头上发射出一束很细的激光束,射到录像唱片上后,从唱片上反射回来的光束就进入光电接收器。唱片在旋转时,凹痕上大小不等的"坑"反射光的强度不一样,光电接收器输出的电信号也有强有弱,其变化规律和录像时用来调制激光束在唱片上刻画时的相同。将这种电信号输入电视机的接收端,荧光屏上就会出现相应的图像,并听到相应的伴音了。

由于激光录像是在圆盘上进行的,因而人们又把这种唱片形象地称为视盘。一张薄仅 2 毫米、直径 30 厘米、重量不到 100 克的视盘,可以储存 5 万~10 万的文献资料,比普通磁带录像的储存记录密度要高出 50 倍。所以激光视盘录像机的诞生不但丰富了人们的生活,而且为科学研究提供了一种有力的新工具。

铝合金

第一次世界大战期间的一天，在法国前线，官兵们趁着休战的空隙，在草地上晒太阳。

忽然，一个士兵喊道："哎，大家快看，那是什么？"

大家朝那个士兵所指的方向望去，只见在高空中飘着一个像大肚子的鱼一样的东西。那个东西正在缓慢地移动。

一个军官问道："那是什么东西？"

"飞艇，像是飞艇！一定是德国人的飞艇！"一位对武器颇有研究的技师答道。

军官听了，连忙命令道："快，大家赶快隐蔽！"

士兵们立即四处散开，向战壕里跑去，寻找隐蔽的地方。这时，只见飞艇借着风势，飞到阵地上空，并从空中扔下一个又一个炸弹。

顿时，阵地上响起一阵阵爆炸声，炸得尘土飞扬。

"炮兵，给我打，向飞艇开炮！"军官发出了命令。

在猛烈的炮火攻击下，飞艇被击中了，直往下落。

军官走到被击落下的飞艇旁边，对技师说："这飞艇是用什么制作的，这么厉害，要好好研究一下。"

技师便将飞艇残骸收集起来，寄往法国的军事研究部门。经过专家研究，这个飞艇制作原料除铝之外，还采用了德国科学家比卡特·维尔姆刚发明的铝合金。

其实,早在10年前,德国军队就意识到,钢铁用于制作武器虽然坚固,但是,它太沉重了,不利于搬运或携带,必须寻找一种比钢铁轻但却跟钢铁一样坚硬的材料替代它。

于是,德国军队就把这个任务交给了比卡特·维尔姆。

维尔姆接受任务后,立即想到,选择比钢铁比重小的铝是最适合的。因为电解炼铝法应用于生产后,铝的产量很高,而且铝不会生锈。可是,铝有一个致命的弱点:它太软,不够坚固。

有什么办法让铝硬起来呢?维尔姆想到:合金那么硬,能不能像炼合金钢那样炼一种铝合金呢?

有了这种想法,维尔姆信心十足地投入试验工作。

他将一种又一种的金属掺入铝中,可是,一次又一次地失败了。

一天,维尔姆在铝中添加少量的铜和镁。然后,他像往常一样,用锤子敲打新试验出来的材料。

"当"的一声,锤子被反弹起来,可新材料上没有一点凹陷的痕迹。

维尔姆觉得很惊讶,他以为是自己累了,没有力气。于是,他又一次举起锤子,用尽吃奶的力气往新材料上狠敲下去。

随着一声巨大的响声,维尔姆感到整个手臂被震得发麻。顿时,维尔姆精神一振,顾不得手臂疼痛,连忙拿起新材料,仔细地察看起来,这种新材料完好无损。

坚硬的铝终于诞生了!

维尔姆对新材料——铝合金的强度做了估测,证实它的强度比铝高3~5倍。可是,用它制造武器还是不行。

维尔姆想:怎样再提高它的强度呢?他一时没了主意。

一个月过去了,维尔姆也没想出办法来。一天,他路过一家铁匠铺,看到铁匠师傅锻造好一块模具,然后放入水中进行淬火。

维尔姆眼睛一亮：我怎么没想起来，淬火可以提高钢铁的硬度。他立刻把铝合金放在炭火中烧，熊熊的火焰将铝合金烧得通红通红。维尔姆将铝合金夹出来，很快地浸入水中。

顿时，铝合金发出"嗞嗞嗞"的响声，烟雾弥漫。

维尔姆接着对淬火后的铝合金的强度进行估测，果然，铝合金的强度又提高了许多。

为了以后实验的开展，维尔姆暂时放下手头的淬火工作，又进行含铜和镁的铝合金的炼制工作。

待炼得一定数量的铝合金后，为慎重起见，维尔姆对原先淬过火的铝合金的强度又进行估测。他惊奇地发现，铝合金的强度又提高了一倍。两次测定的结果为什么相差甚远？难道是测量仪器坏了吗？

维尔姆仔细把测量仪器检查了一遍，没有发现什么异常现象。维尔姆想：是不是时间上的问题？

经过试验，证实了他的推测：这种铝合金在放置一段时间后，它的强度会逐渐提高。由此，维尔姆也找到了一种最佳热处理方法：

这种含少量铜和镁的铝合金，经过淬火，成了比钢铁轻但却与钢铁一样坚固的材料。

从此，铝合金便被用于制造飞艇、飞机。直到今天，铝合金仍是制造飞机的主要原料。

无机化肥

德国有个化学家叫尤斯特斯·李比希,他从小就酷爱化学,对其他学科都不感兴趣。15岁那年,李比希连中学都没念完就辍学了。到了18岁,他终于认识到,要想成为一名化学家,必须有扎实的知识基础,这才进入大学发奋苦读。大学毕业后,李比希就来到巴黎的索邦大学继续深造,1824年,他获得了化学博士。

20岁刚出头的李比希成为年轻有为的化学博士后,回到了德国。

他一回来,就受到黑森公国政府的重用,被聘为吉森大学的化学教授。他开始以自己那无与伦比的才华跻身世界一流化学家的行列。

在黑森公国首都市郊,有一大片农田。细心的李比希注意到,市郊的庄稼在逐年减产,农民脸上愁云密布、眉头紧锁。

一天，李比希来到城郊的庄稼地里，弯下腰仔细察看庄稼地和土壤。"要是能给土地添加些营养，庄稼不就会丰收了吗？"李比希自言自语道，又似乎是在对农民说。

农民有些好笑地说："先生，这您就不懂了。我们庄稼汉祖祖辈辈都是这么种地的。您的话说出去会闹笑话的。"

李比希可不在乎会不会闹笑话，回去后，他就开始翻阅大量的书籍报刊，发现东方古老的国度中国、印度等地的农民为使庄稼丰收，不断地给土地施用人畜粪。李比希清楚地知道，这一定是由于粪便中含有使土壤肥沃的成分，能促使庄稼吸收到生长所需要的物质。但是，这种方法不可能引进到欧洲来，因为人们在观念上无法接受。

李比希常常想：耕地到底缺乏什么？庄稼的生产又需要什么呢？只有弄清楚这个问题，才能找到解决问题的答案。

为了找到答案，李比希开始了大量的实验。在实验中，他发现氮、氢、氧这3种元素是植物生长不可缺少的物质。而且，钾、苏打、石灰、磷等物质对植物的生长发育起一定的作用。

弄清了这些，李比希对助手们说："接下来的工作是研究出含有这些无机盐和矿物质的人工合成肥料。"

1840年的一天，李比希的化学实验室里洋溢着欢乐的气氛，世界上第一批钾肥、磷肥在这里诞生了。李比希把这些洁白晶莹的无机化肥小心地施洒在实验田里，密切注意着庄稼的变化。

可是没过几天，一场大雨不期而至。助手们发现那些化肥晶体被雨水一泡后，很快变成液体渗入土壤的深层，而庄稼的根部却大多分布在土壤的浅层。果然，收获的季节到了，实验田里的庄稼并没有显著的增产。

实验没有获得成功，有的助手有点泄气了。李比希说："大家别灰心,成功是从失败中取得的,我们还得再深入一步,把它们变成难溶于水的物质,就可能接近成功了!"

于是,大家又开始了新的探索。这一回,李比希把钾、磷酸晶体合成难溶于水的盐类,并且加入少量的氨,使这种盐类成为含有氮、磷、钾3种元素的白色晶体。

最后,在一块贫瘠的土地上,李比希和助手们把白色晶体和黏土、岩盐搅拌在一起,施在土里,然后种上庄稼。

过了一段时间,农民们惊奇地发现那块被废弃的地,竟然奇迹般地长出了绿油油的一片庄稼,而且越长越茁壮。转眼,又迎来了收获的季节。废弃的地竟获得了大丰收,胜过农民在良田里种下的庄稼。

消息就像插上了翅膀一样迅速传开了,李比希成为德国农民们最敬仰的人物,"李比希化肥"也被广泛运用于农业生产中,造福人类,李比希被人们称为"无机化肥之父"。

卡介疫苗

从1882年科赫分离出结核杆菌以后，人们对结核病的防治便发生了兴趣，好多人都盯着自古以来曾经危害人类的这种疾病，下决心要找到防治它的办法。

结核病可算是危害人类最大的一种疾病了。结核杆菌最容易侵入人的肺部，在人类最娇嫩的器官里繁殖生长。患上了肺结核的人，吃得一天比一天多，身体却一天比一天消瘦。每天午后，双颊变得红红的，严重的时候，病人拼命咳嗽，等到咳出的痰里夹带着血丝，便十分凶险。

肺结核的可怕不仅因为它十分难治愈，还在于结核杆菌极易传染。病人随口吐痰，痰液干了，结核菌便在空气里飞扬，人们吸进肺里，杆菌便在胸腔里安家落户，辗转相传，患病的人极多。在当时的欧洲，三个病人中就有一个死于肺结核。在中国，人们称它为"痨病"。"十痨九丧"，也是最难治的四大疾病之一。

自从詹纳发现了种牛痘能防止天花传染之后，人们就学得了一种防止疾病传染的方法。现在，既然缺少医治肺结核的灵丹妙药，也可以从防止结核菌传染入手吧。为此，好多细菌学家做了无数次探索，有人甚至把结核菌传染给公羊，想来个"羊痘苗"式的奇迹，却都遭到了失败。

法国的细菌学家卡默德和介兰就做过类似的试验，不过，他们最终发现，结核菌跟天花病毒完全不同，它不仅没有免疫机制，而且十分凶狠,靠任何牲畜,都无法制出能预防传染的妙方出来。

就在他们几乎要绝望的时候,接到巴黎郊区一个农庄主的邀请,要他们去瞧瞧,是什么细菌害得农庄里的玉米发生了病变。卡默德和介兰觉得主人的盛情难却,便抱着姑且一试的心情答应下来。说真的,他们对危害植物的细菌并不太内行,到郊外透透新鲜空气,总比整天关在实验室强得多。

来到农庄,主人早就在一大片玉米田边等着了。顺着农庄主愁苦的目光,卡默德和介兰看到了那片玉米田,也禁不住愁眉苦脸起来。长在田里的玉米,又矮又细,黄叶倒有一半。结出的玉米棒子,稀稀拉拉只结着几粒又小又瘪的种子,倒像生了癫痫的脑袋,难怪农庄主人要请两位专家来"会诊"呢。

接受了邀请,当然要忠人之事,况且卡默德和介兰都是作风谨慎的学者,又怎会马虎了事?他们经过仔细的观察和分析,又详细询问了农场主耕作的经过,两人的眉间打起了结,他们找不出玉米患病的原因。

耕作的流程不会有问题,农庄主是行家,他可以保证,无论播种、施肥、间作、授粉,都是一板三眼,一项没错;田间也没有发现害虫;至于农庄主所怀疑的"病菌",卡默德和介兰也没有发现。玉米生的是卡默德、介兰他们所不知道的另一种毛病,他们只得对农庄主人说一声"实在抱歉。"

"咳,玉米老喽。"农庄主眉头又打起结来,"看来,又得花钱引进良种了。"既然专家说得如此肯定,农庄主心中自然而然明白了一大半,买种子的钱怎省得了?

说者无意,听者有心。卡默德和介兰互相瞧了一眼:老了?玉米年年发芽,抽苗,开花,结实,从生到死,"老"不是很正常吗?还会有什么其他的"老"法?真是隔行如隔山,他们都对农庄主的话发生了兴趣。

看两位专家如此惊疑,农庄主不由笑起来。他解释说:他种的玉米,是好几年前从国外引进的良种。刚种那几年长得又粗又壮,结出的棒子颗粒饱满。后来,种子的特性逐渐退化,一年不如一年。到这时,便得重新引进良种。乡下人说话粗俗,把这种情况叫"老"了。

原来如此。卡默德和介兰又互相熟视了一会儿。紧接着,他们会意地一笑,扔下莫名其妙的农庄主,匆匆回巴黎去了。疑惑不解的农庄主哪里知道,他急病乱投医,找来两位细菌专家,没医好自己的玉米,倒提醒了卡默德和介兰,让他们找到了一条制服结核菌的有效途径,帮了他们一个大忙。

既然玉米种子会一代不如一代,那么,结核菌是不是也能通过世代相传,降低它的毒性呢?等到它变得只会提高人们抗菌能力而不致危害肺部,那不就成了预防结核的"牛痘"?

有了新的构想,卡默德和介兰便一头扎进实验室,开始了培养无"毒"的结核菌的试验。这比到牛身上刮"牛痘"可难多了,先实验家鼠的肺部,一代又一代提取结核杆菌;再采取药物抑制它的活性,然后再让下一批家鼠染上结核病,药用得多了,结核菌索性死亡,还得从第一代重新做起。有时候,已经减低了活性的杆菌忽然有了抗药性,便又得从头做起,再寻找合适的药物。

从1884年开始,两位细菌学家花了整整十年的时间,把结核菌连续培养了230代,才找到了被"驯服"的疫苗。把这种疫苗接种进入人的皮肤,人们便能产生对结核菌的抵抗力,在一段很长的时间内不怕感染上肺结核。

一次歪打正着的对玉米的出诊,再加上两位科学家不懈的努力,终于使人们掌握了防治肺结核的方法,推进了传染病防治事业的进步。人们为了纪念两位为事业贡献出一切的科学家,把他们姓氏的第一个字母拼在一起,称这种肺结核疫苗为"卡介苗"。

合成纤维

人造丝的发明与成功，使化学家们备受鼓舞。他们展开想像的翅膀，提出了一个大胆的设想：用最简单的天然物质，如煤、石油、空气、水等原料，制造出"纯合成"的纤维。

对这个设想，德国化学家克拉特认为是可行的。可是，令人遗憾的是，他尝试了许多物质，以及各种合成方法，一次次地都失败了。

1912年，聚氯乙烯诞生后，克拉特马上联想到：可不可以用聚氯乙烯制成纤维？

克拉特便着手研究氯乙烯。可他试验用了许多的溶液，如水、植物油、石油、苯等，都不能把它溶解。后来，克拉特看到一篇论文介绍：结构、性质相似的物质才能相互溶解。受到启发后，克拉特选了一种也含氯的氯苯作试剂。果然，在加热的情况下，氯苯就把聚氯乙烯溶解掉。

接着，克拉特便把溶解有聚氯乙烯的溶液稍加蒸发，使溶液更稠些、更浓些。然后，克拉特把溶液装到针筒里，再将它挤压在热水中。只见一条银白色细丝从针筒里冒了出来，世界上的第一种合成纤维问世了！

克拉特的脸上刚刚露出喜悦，就被严峻的事实冲得无影无踪，原来，这种合成纤维很脆弱，容易折断，而且在稍高些温度下就变软。克拉特的发明失败了。

但是，克拉特的试验说明采用非植物纤维的天然物质合成纤维是完全可行的!这使后来的研究者看到了这一领域的曙光。

1930年,美国杜邦公司卡罗瑟斯领导的科研小组,在成功地利用煤炭合成橡胶之后,立即将工作重心转移到合成纤维的研制上。他们凭着公司雄厚的经济实力及人才优势,做了各种高尖端、高难度的试验,可试验仍没有收获。

1931年夏日的一天,卡罗瑟斯的助手希尔博士,让有活性基因的乙二醇和癸二酸在催化剂下进行反应,结果得到一种黏稠的物质——聚酯。希尔用玻璃棒蘸一下聚酯,然后慢慢拿开玻璃棒,这时出现了一根细丝!希尔马上就把这些情况报告给卡罗瑟斯。于是,整个科研小组对聚酯进行性能鉴定。试验结果表明:聚酯可拉成很细的丝,而且这种丝结实、有弹性。但是,它不耐高温,当温度达70℃时,就自动熔化,在水中容易变质。这样看来,聚酯还是不能用的。卡罗瑟斯和他的科研小组,又投入紧张的研制工作。

经过3年的努力,在1935年,卡罗瑟斯用乙二酸和乙二胺,合成了聚酰胺树脂。由于参加反应的两种化合物分子均含有6个碳原子,因此,卡罗瑟斯把它叫做"尼龙66"。这种"尼龙66"没有聚酯的缺点,而且更为坚固。后来,尼龙得到广泛应用。

其实,早在卡罗瑟斯开始研制合成纤维时,在大洋彼岸的温费尔德和迪克逊也开始了研究。他们悄悄地跟卡罗瑟斯展开了一场发明合成纤维的竞赛。

1931年,当温费尔德和迪克逊得知卡罗瑟斯合成了聚酯,并断定它不能用来做布料时,他们提出不同看法:并非所有的聚酯都不能用,卡罗瑟斯没有选好原料,所以合成的聚酯不能用。他们还认为,要让聚酯不怕热,就要加多碳原子数。

温费尔德和迪克逊按自己的思路,设计好试验方案,立即开始研制。

在卡罗瑟斯发明尼龙后的 6 年,即 1941 年,英国化学家温费尔德和迪克逊成功研制出新的合成纤维。这种命名为"达克伦"(传入香港后,按广东话读音被译为"的确良")的合成纤维,与"尼龙"相比,具有许多的优点:

它耐热性、耐寒性能很强。熔化温度高达 260℃,比尼龙高 100℃,在 -100℃时,仍不受损;它强度高;耐冲击力比尼龙高 4 倍;耐磨性比棉花高 7~8 倍;它耐腐蚀,不怕酒精、汽油、海水,甚至酸碱。

这种新的合成纤维发明后,并没有马上得到推广。因为当时正值第二次世界大战,温费尔德和迪克逊也无心顾及发明成果,他们投入了保卫祖国的战斗中去。直到 1948 年,新的合成纤维才开始工业化生产。

在温费尔德和迪克逊发明之后,合成纤维这一家族,又诞生了许多新的成员,如腈纶、丙纶、芳纶、涤纶……形成了百花开放、万木竞秀的局面。

青霉素

疾病,尤其是传染病不知夺走了多少人宝贵的生命。在传染病流行时,造成大批死亡。例如过去望而生畏的肺结核病,人们对它毫无办法。直到1928年,英国弗莱明(1881—1955)发现了青霉素,人类才找到了克敌制胜的良药。而且从此又先后找到了2000多种抗菌素药物,每年都有新药发现。

弗莱明出生在英国。因家境贫寒,他没有上过正规学校,完全依靠自学而成才。在20岁那年,他利用获得奖学金的机会,进入了伦敦大学圣·玛丽医学院学医。曲折的经历使弗莱明深知求知的不易,十分珍惜这学习的机会。27岁那年弗莱明通过国家考试并获得大学金质奖章,后来留在圣·马丽医学院从事研究工作。第一次世界大战爆发,弗莱明到军队医院参加救护工作。看到许多伤员因伤口化脓感染,被迫截肢或痛苦地死去,还见到有的伤员由于消毒药物进入血液而得了血液病。这一切激起了弗莱明强烈的责任感,决心要找到一种既能消除伤口感染又没有副作用的新药。大战结束后他又回到母校从事研究。

事情常常是偶然中有必然,必然中有偶然。弗莱明当年发现青霉素也正是这样。他的实验室是在地下,阴冷而潮湿。那次他把伤口感染的主要祸首葡萄球菌分别放置于几个玻璃皿中培养。为了防止异种孢子侵入,习惯上每个玻璃器皿上都要加盖,但那次却遗漏了一个。第二天早晨他看到那个忘了加盖的玻璃器皿边缘有一层青灰色的霉菌。弗莱明将霉菌放到显微镜下观察,发现有青灰色霉菌的地方,葡萄球菌消失了,而且连霉菌周围的葡萄球菌也被杀死。这一偶然的发现使弗莱明激动万分,因为这表示青灰色霉菌有将葡萄球菌置于死地或阻止其蔓延的特殊功能。弗莱明将这种青灰色霉菌命名为盘尼西林,即青霉素。后来,他进一步研究证明青霉素被冲稀800倍以后,仍能抑制细菌生长。在浓度高的情况下,能杀死细菌,但不会损害细胞。就这样,弗莱明实现了他多年来寻找此种新药的愿望。青霉素成了人类首次发现的抗菌药物。

后来从众多的抗菌素中还发现,各种抗菌素都有自己的手段去制服细菌。有的能和细菌体内的核糖核酸聚合酶结合,这种酶本来可以使细菌把核苷酸转变为核糖核酸,现在就无法转变,从而使细菌丧失了蛋白质的来源,细菌的生长繁殖也只好就此告终。有的抗菌素能干扰细菌体内蛋白质的合成,给细菌以致命的打击。像青霉素,它能阻碍细菌外皮(细胞膜)的合成,从而使细菌失去保护,细菌内外的物质交换因此发生紊乱,细菌也就无法生存下去。

后来还发现,青霉素不仅对葡萄球菌有灭杀作用,而且对溶血性链球菌、肺炎球菌、淋球菌、脑膜炎双球菌、破伤风杆菌、炭疽杆菌、螺旋体等也有同样作用,因此在临床上就能用于上述微生物所引起的肺炎、脑膜炎、败血病、腹膜炎、产褥热、扁桃体炎以及丹毒、疖、痈、白喉、破伤风、回归热、梅毒等疾病。上述青霉素治疗价值是一名英国科学家和一名澳大利亚科学家发现的,所以这两位与青霉素的发现者弗莱明三人同时获得1945年的诺贝尔生理学和医学奖。

CT 扫描仪

医学科学也是随科学技术的发展而发展的。公元 150 年,古罗马的盖伦开始了活体解剖,但近似残酷,因为当时尚未具备麻醉手段。到公元 185 年,中国的华佗发明了麻沸散,才有可能进行麻醉手术。不过想借助医疗仪器来了解体内器官的病变,而不用手术,又经过了将近整整 1700 多年,即到 1895 年,德国伦琴发现 X 射线才有可能从体外观察到人体内脏腑的变化。这种利用 X 光进行诊断的方法,在当今医院里仍普遍使用。

伦琴 1895 年发现 X 射线是很意外的,他在研究低真空管的放电现象时,发现放在距真空放电管 2 米远处的涂有氰氧铂酸钡的荧光屏上也发出荧光。他把荧光屏移远,甚至把真空管用黑纸包起来,荧光屏上仍有荧光。经过反复研究,确定这种看不见的光线是由真空管放电时发出的,能够在特殊的荧光屏上显示出来。伦琴用自己的手掌做试验,在荧光屏上第一次看到了手掌的骨骼。伦琴的这一发现很快被用于行医。医生第一次可以不用外科手术就能够看见人体内病变和受损伤的情况。在此以前,医师只能凭病人的体表反映,检查和诊断一些明显的症状,而 X 射线的利用,就能使人体内部的病变反映到荧光屏上。不过利用 X 光诊断也存在不足。X 射线穿透机体组织,在荧光屏上见到的体内组织的重叠影像,医生就不易准确地从重影判定病变的真实情况,即使进行两三个甚至更多方位的拍摄,不是不能对体内器官准确地透视,尤其是对软器官、软组织,X射线透视实际上没有什么实效。健康组织与病变组织在密度上并无太大的变化,所以对软组织的病变,包括肿瘤很难探测出来。人们对这个课题的研究,又延续了近80年。到1971年,英国的霍斯菲尔德终于成功地推出了带有计算机的X断层的扫描诊断机——X-CT,或称计算机层析X射线扫描仪(CT)。

早期的CT扫描仪,它的射线源和探测器都装在一个C形磁轮的两端。通过围绕病人转动的射线源和探测器进行扫描,从而得到某一部位的多角度的观察图像。这些图像所反映的软组织密度值就会输入到计算机内,在那里经计算机处理后就能组成二维图像,就会以灰色阴影图像显示到系统监视器上,并由计算机记录下来。这个层析过程犹如用一把光刀,把人的躯体包括体内器官一片一片切下来。通常的切片厚度仅几个毫米,从切片的前一片、后一片,切片部分和临近部分的对比中,来发现软组织的病变。

最初的CT扫描仪,扫描耗时比较长,一般要1~3分钟,使用的是单个窄束射线源和探测器。由于扫描时间长,在扫描过程中,受病人呼吸、消化系统的蠕动等的影响,往往会使图像发生改变。为了解决这个问题,又发明了多元探测器和扇形射线束源。CT扫描仪上装有800个探测器,使其环绕病人身体作弧形排列,这种布局又称为桥形台。使用这种系统,整个扫描仪需约8秒且不会受病人动弹的影响,效果明显提高。

这样的CT扫描仪,虽然已经能正确地反映软组织,但有时也会遗漏一些如肿瘤块的发现。尤其是作脑肿瘤的诊断时,这时由于受制于病人与桥形台的方向的限制,只有与脊柱垂直的平面内进行轴向扫描,才产生最佳成像效果。

为了解决CT扫描存在的这类问题,代表20世纪90年代国际科技水平的新的诊断技术——核磁共振成像系统NMR又诞生了。

核磁共振扫描仪外形和CT扫描仪相似。但病人被推进去的那个圆环上装的不是X射线设备，而是一个强有力的电磁铁，一个无线电波发射器和一个无线电波接收器。当电磁铁通电时，产生一个很强的磁场，而在人体组织分子中最多的氢原子，在强磁场作用下，能迫使病人体内的氢原子核的自旋轴在同一个方向上排列，然后，开启无线电发射器，让它发射出低频的无线电波，氢原子核就从这种无线电波中吸收能量。当发射器关闭时，氢原子核就以信号的形式释放出所吸收的能量。利用健康机体组织中氢原子发射的无线电信号，与有病变的组织发射频率和强度不一样，再通过计算机把来自氢原子核的不同信号变成图像，就可做出诊断。这里要特别提一下，利用核磁共振不仅能更好地探测到肿瘤，而且能早期发现、早期诊断患者并没感觉到的疾病。这是因为核磁共振成像的过程，是由稳定的强磁场与被成像部位各机休组织不相同，不同的生理条件也会在图件上得到反映。这样，即使患者的疾病还处在生化阶段，处在病理、生理、生化失调而症状未出现时，从图像上也能被反映出来。核磁共振NMR与CT相比还有一个优点，即没有明显的副作用，且骨骼对射线的干扰明显降低，成了检验和诊断脑、肝、肾、心、神经系统疾病的最新、最安全的方法。

温度计

在日常生活中,温度计给人们带来了诸多方便和益处:测量体温、气温等,然而有关温度计的发明及发展却少有人知。

冷暖可知

在日常生活中,人们发现世界上很多物质都具有热胀冷缩的特性。公元前3世纪就有人做实验来演示空气的热胀冷缩,然而人们都没有想到利用它来测量温度。

1581年,还在意大利的比萨大学学习医学的伽利略萌发出发明温度计的想法。从此,伽利略一头钻进了"热胀冷缩"世界中去了。然而,发明创造并非一蹴而就之事,他必须具有灵敏的脑袋和灵巧的双手,必须经过认真仔细的思索和坚持不懈的努力,才能最后取得成功,温度计的发明同样如此。

一晃10多年过去了,1593年伽利略经过反复实验和不懈努力,终于发明了第一支空气温度计。这种仪器结构非常简单,但以前从未有人想到过:它是一根玻璃管,一端开口,另一端有一小泡,然后将它注满水,并将开口的一端立于水盆内的水面之下,这样,小泡内出现了一个含有空气的空间。如果用手握紧小泡,就会使泡内空气受热膨胀,越热膨胀得越厉害,小泡中的空间也越大;相反,小泡内空气就变冷而收缩。

如果在玻璃管边上装一个标尺,用来测定水的高度变化,也就可以确定空气温度的变化了。就在伽利略发明第一支空气温度计之时,他的一位朋友帕多瓦大学的医学教授桑克托留斯则在用一种特殊的验温器来指示人体温度的变化,这种独特的验温器可以说是世界上最早的体温计了。

桑克托留斯发明的这种体温计像一条蛇形,球状的上端可放在病人的口中,管子下端放在一个盛水的容器内;蛇形管的刻度用玻璃珠标示,玻璃珠之间的距离则是任意的。虽然这是一个粗糙的仪器,但桑克托留斯却利用它发现了人体在健康和患病时的体温变化。

更进一步

然而,伽利略的温度计很不精确,既不能测低温,又不能测高温:温度太低玻璃管内的水会结冰,温度太高水又会汽化。而且,由于大气压强变化的影响即使温度不变,玻璃管内的水的高度也会有所差异。

首先对伽利略的温度计加以改进的是一位名叫雷伊的法国化学家。1632年元旦,雷伊给他朋友写了一封信,信中提出了一种液体温度计,他建议把伽利略的温度计反过来装,在泡里充水,管子里充空气,用水的膨胀来指示温度,他在信中这样写道:"使用的时候,将泡充满水直到颈部。把它放在阳光下或一个发烧病人的手中,热会使水膨胀而上升,上升多少则根据热的高低而定。"

但是,雷伊的液体温度计由于没有把玻璃管的上端封闭,水的蒸发就会带来较大的误差。

后来,在意大利托斯卡纳大公爵斐迪南二世的指导下,佛罗伦萨的院士们提出了将管子密封的设想,他们将玻璃泡装入酒精,然后熔化玻璃尖把它密封,并把刻度附在玻璃管上。这就是第一个与大气压强无关的温度计。

1659年,巴黎的文学家布里奥制造出了第一支用水银作为测温物质的温度计。这样,温度计可测的温度范围就更大了。

德国物理学家盖里克在1660年至1662年发明了一个很不寻常的温度计。

盖里克发明的独特的温度计有近20英尺长,它由一个绘成蓝色,上面嵌着金星的铜球壳和1英寸宽的铜管连接而成,铜管弯成一个很窄很窄的U形,管内灌入了一些酒精。U形管较短一臂的顶端是开口的,酒精液面上漂浮着一个微小的倒扣着的铜箔杯,它与一根绳子连着,绳子绕过悬挂在球壳下的滑轮,绳子的另一端是一个带翅膀的小天使,用小天使来指示管子上的刻度。大铜球壳的一测加了一道阀门,用空气泵排除空气用以调节酒精的高度。当铜球内的空气膨胀时,U形管开口一端的酒精就上升,小天使则下降;相反,当空气收缩时,小天使就上升。

盖里克制造的这个巨大的温度计安装在房子背阴的一面,它上面的7个标度,从"大热"开始一直到"大冷"。当时这个温度计非常引人注目。

攻克"温标"

自从伽利略制成第一支空气温度计开始,人们就碰到一个难题,那就是"温标"——如何确立温度计的共同的标准。

首先意识到这一问题的是英国著名物理学家玻义耳,玻义耳一边思索着解决的方法,一边实验着。经过一番钻研,玻义耳建议用茴香油放在酒精温度计的周围,让油凝固,记下当茴香油开始凝固时的酒精高度,然后再计算酒精的膨胀。

玻义耳有个助手,名叫胡克,由于一个偶然的灵感,他制成了一支清晰易辨的温度计,它里面灌着红色的酒精。胡克制造的温度计变化非常大,夏天可以膨胀到顶端,冬天可以降低到底部。在杆上刻度时,胡克先把它放在正在凝固的蒸馏水中,把它停留的位置当做零,再根据液体的膨胀程度分度。

法国科学家阿蒙顿,他于1702年改进了伽利略温度计。他的温度计是由一个恒定体积的玻璃泡和一个U形管较短的一臂连接而成,U形管较长的一臂内的水银柱高度表示所测得的温度。阿蒙顿的温度计测出的温度与大气压强无关,因此,不同地方的温度计读数可做比较,但是由于他选择水的沸点作为一个固定点,这又与大气压强有关,结果还是不能取得较高的准确度。

同时期的牛顿发现了固体冷却定律和他对溶解与沸腾温度稳定性的观察,对温度计的发展至关重要。

到了18世纪,由于物理学、医学和气象学等各个方面日益发展的需要,对温度测量的要求越来越高。真所谓"时势造英雄",在这样的形势下,有3位科学家脱颖而出,他们便是华伦海特、列奥默和摄尔萨斯。

阿姆斯特丹一个有名的科学仪器制造家华伦海特,最初是用酒精来制作温度计的,直到1714年,28岁的华伦海特才制造了现在仍以他的名字命名的那种水银温度计,在他的温度计上,他选了3个固定点:第一点取冰、纯水和氯化铵混合物的温度定为0度;第二点取无盐的冰水混合物的温度定为32度,称之为凝结的起点;第三点取温度计插入人体口中或置于腋下的温度定为96度,这便是"华氏温标"。

有趣的是,水的沸点虽然不是华氏温标的一个固定点,但是这一点恰恰与之重合。以后，为了使固定更精确，人们便把以冰水混合物的温度定为 32 度，把在标准大气压下水的沸腾温度定为 212 度。

列奥默是一位法国贵族博物学家，他在不知晓华伦海特工作的情况下，沿着不同的路线，探索着温度计的改良工作。

1730 年，列奥默引入了一种温标，他把水的冰点和沸点之间划分为 80 度，这是因为列奥默注意到，酒精和五分之一水的混合液在从水的冰点加热到沸点时，其体积从 1000 份膨胀到 1080 份。但是，由于他忽视空气压强对液体沸点的影响，他的温度计的测量结果并不理想。列奥默发明的这种温标人们称之为"列氏温标"。

1742 年，瑞典天文学家摄尔萨斯在一篇向瑞典科学院宣读的论文中，建议人们采用一种新的温标，即"百分温标"，又称"摄氏温标"。他选择了两个固定点，一个是沸水的温度记作 0 度，另一个是结冰的温度记作 100 度，中间分为 100 个分度。因此，摄尔萨斯当时的情况和我们今天恰恰相反：沸腾的水不是 100 度，而是 0 度！这个"摄氏温标"使用起来比以前所有的温度都更令人满意，渐渐地成了科学研究中应用最广的温标。1743 年，有人对"摄氏温标"的方向不太满意，于是，将它倒了过来，取水的沸点为 100 度，冰点为 0 度，这种温标便一直沿用至今。

精确无误

英国科学家卡文迪许是 18 世纪受人尊敬的一名科学家。18 世纪 50 年代前后，卡文迪许发明了早期类型的最低温度计和最高温度计，它们是两个互相独立的仪器。

最低温度计就像一根倒置的虹吸管，长肢封闭，短肢通过一个玻璃球与一个大圆筒连通。玻璃球和大圆筒原先都装有酒精，水银则从短肢顶端延伸到长肢向上的某一点来表示环境温度。当温度下降时,圆筒内的酒精收缩,水银从短肢跑进玻璃球内就跑不出来了。如果后来温度上升了,则短肢上部充入一段酒精柱,其长度同温度上升成正比。短肢上水银高度将表明温度计比它当时的温度低了多少,如果从现在的高度减去这个差值,就可以知道它所达到的最低温度是多少了。

最高温度计的外表与普通温度计相差不大,关键在于它的上端:水银柱上部有一部分酒精柱,上端开口处还有一个小小的玻璃容器。当温度逐渐上升,达到最高时,水银柱顶着酒精柱达到最高处,多余的酒精便溢出到玻璃容器中。随着温度的下降,酒精柱上方出现了一段空间,这段空间便能表示它曾达到的最高温度。

18世纪末,西克斯改进制成了组合式最高最低温度计。西克斯通常在晚上去察看他的温度计,从左边的指标看看昨天夜里的冷,从右边的指标看看今天白天的热。他将这些记录下来,然后把一块小磁铁作用于管子被指标贴住的部分,使指标向下移动到水银表面。这样,无需加热、冷却、分离或扰动水银,也无需移动仪表,便可以使这仪表一动也不动就调整好了,他便开始准备做另一次记录。

这种温度计的发明对人类生活大有用处。

到了19世纪末20世纪初,科学技术的发展要求更精确的温度计,同时,科学技术的发展也为更精确温度计的诞生创造了条件。在这一时期,相继诞生了电阻温度计、辐射热计、光测高温计以及氢温度计、温差电偶温度计等。

今天的温度计已成了一个大家族,由以上各种愈益精确、科学的温度计,便可见一斑,尤其是进入电子时代以后,小巧灵便的液晶显示温度计更是受人青睐。

气压计

我们知道,平地和高山上大气压力不同,而这可以通过一种仪器测量出来的,就是气压计,气压计上的指针告诉我们此时此地大气的压力究竟有多大。通过测量大气压力的变化,我们还可以预测天气会有怎样的变化等,为生活带来了诸多便利。

半球实验

德国马德堡市市长盖里克是一位业余科学爱好者。

1654年的一天,春日融融,绿草如茵。盖里克市长容光焕发地向大家宣布:

"诸位,今天,我将为大家表演一个科学游戏!"

说着,他双手将2个铁制的半球高高举起。"等一会儿,我将把这两个半球扣在一起,不用任何东西焊接,然后把里面的空气抽掉,看看谁有能力再把它们分开来。"接着,盖里克"啪"的一声就把这两个半球合上了,助手递上了一个小筒,他很快就将里面的空气抽光了。然后,盖里克将两根又粗又结实的绳子系在半球两边的环上。"现在,一切都准备好了,有谁想试一试自己的力气,看能否把这两个半球拉开?"盖里克大声问道。

从人群中走出两个彪形大汉,他们自告奋勇地接过市长手中的绳子，一边一个地拔起了河。只见他俩脸涨得通红，但是那两个半球硬是纹丝不动。他们只好垂头丧气地认输了。

盖里克又将两边"拔河"的人数增加到2个、3个，可是，铁球还是纹丝不动。

据说，有一天，盖里克让手下的工人用筒抽酒桶里的水，在抽的时候筒脱落了，工人用布条重新绑好，或许是由于堵塞过严，使桶口密封了，结果把空气也抽光了，只听得桶内一片沸腾的噪声。

盖里克得知这件事情以后，就以铜球代替木桶，让工人也用筒抽气。工人越抽越费劲，最后只听到"嘭"的一声，铜球瘪了。

从此，盖里克迷上了这种实验，并且开始对它进行了许多研究。著名的马德堡半球实验就是在这个基础上进行的。

盖里克又牵来两匹马，一边套上一匹，两个驭手挥起鞭子，两匹马仰天一声长嘶，便向两边猛拉，可那球仍是依然如故。盖里克又将两边再各加一匹，一会儿又加一匹，这样一直各加到七匹，还是不见那球有动静。

盖里克又命令两边再各加一匹，马鞭霍霍，马嘶啸啸，尘土飞扬，人群沸腾，加油声此起彼伏……

只听"嘭"的一声，铁球终于裂成了两半，两边的八匹骏马各带着半个铁球一下子冲出好远。

这就是闻名于世的马德堡半球实验。它证明了大气压力的存在。

履行许诺

其实，早在马德堡半球实验之前，就有人对大气压力进行研究了。

早在1640年前后，有人告诉意大利著名科学家伽利略，说抽水机从深井里抽水最多不会高过 10 米。当时,伽利略年事已高,而且双目失明,无法亲自进行实验了,临终前,他叮嘱自己的学生托里拆利,好好研究这个问题。托里拆利决心履行自己在老师面前的许诺。

托里拆利打算用比水的密度大 13.6 倍的水银来进行实验以观察可以提到的高度。他拿来一根长约 1 米的一端开口的玻璃管,灌满水银,并用手指封住开口,再倒立在水银槽中。当托里拆利放开手指以后,他发现管顶的水银面降到距离槽中水银面 76 厘米的高处停住了。接着,他又用其他形状的玻璃管做实验,结果总是相同的——水银的高度总是保持在 76 厘米。

托里拆利认为,在玻璃管水银上方的空间内,几乎没有任何东西而出现了真空,后人便称其为"托里拆利真空"。这根水银柱管就成了最早的气压计。

水银柱靠什么力量上升到 76 厘米高度的呢?托里拆利猜想,水银柱是被水银面上的大气压力托起的,并且,他把水银柱高度的微小变动看做是大气压的变化而引起的。但是,1647 年,托里拆利尚未证实这个假说就逝世了,对于它的证实,只能留给后人去进行了。

验证假说

托里拆利做的真空实验的消息不胫而走,人们竞相演示着这个实验。

消息传到了法国,科学家帕斯卡为了检验托里拆利的说法,在巴黎的教堂顶上做同样的实验,他希望能够测出气压计水银高度在高处和地面上的差别,但是,因为巴黎市内的建筑还不足以得到明显的结果,这个实验失败了。

怎么办？

帕斯卡想到山顶上去进行实验。但是，帕斯卡是个半残人，他自己无法爬山，只能求助于他的内弟佩利尔。

1647年11月的一天夜里，帕斯卡在考虑了很久以后，认识到：如果真的出现了山顶上水银比山脚下升得低，那么必然会得出这样的结论，空气的重量和压力是造成水银悬挂的唯一原因，因为有一点可以肯定，山脚下比山顶上有更多的空气压下来。

经过周密的思考和准备，这个实验在第二年9月的一天进行了。佩利尔将气压计带到了多姆山顶上去，观测气压计水银柱高度有什么变化。果然，托里拆利的假说在实验中得到了证实。

在返回的路上，佩利尔又做了分段观测，证明水银升高与高度降低成正比。当他回到出发点时，得知留在山下的另一支气压计在他离开的一段时间内并没有发生水银柱高度的变化。

第二天，佩利尔又在克莱蒙最高的塔脚下和塔顶上重复了他的观测，虽然效果并不明显，但是结果却是和前日观测结果相一致的。

这个结果使帕斯卡感到非常高兴，为了研究气压计水银柱高度和气候的关系，他又进一步做了很多实验，他认为，这可以知道气候的现状以及即将发生的变化。因为这些知识对农民和旅行家很有用处。

人们从帕斯卡的实验中对气压有了更深的认识。

手指标尺

除了那次惊心动魄的马德堡半球实验以外，德国马德堡市市长盖里克也制造过一种水气压计。

当时，盖里克住在一幢四层楼的公寓里，上面用的水全靠下面提上去。有人为了图方便,设计制造了一个装置,打算通过一个抽成真空的容器,利用虹吸作用,将水从底层"吸"到楼上去,然而,奇怪的是这个装置只能将水吸到盖里克所住公寓的第三层,第四层是无论如何也吸不上去了。

盖里克知道,这又是大气压在作祟。

为了精确地知道水能升到的高度,盖里克设计制造了一套设备,也就是他发明的水气压计。它由4根黄铜管首尾相连组成一个垂直的长管,上端为一个玻璃容器,下端为一个旋塞,旋塞浸在一个盛水的容器中。开始时,旋塞紧闭,管子全部充满水,玻璃容器也充满水,然后打开旋塞,管子中的水便下沉到一定的高度,这个高度可以从玻璃容器的边上观测,由浮在水面上的一个木头小人伸出手臂指点一个带刻度的标尺而作出指示。

盖里克认为水的上升是大气压力以及因气压变化而引起的水面高度的日常变动的结果。他对这种变动做了长期研究,并把这种变动同天气变化联系了起来。果然,他成功地根据气压的突然下降预报了1660年的一次严重风暴。

众多门族

托里拆利的气压计是最原始的,带有水银槽,很不方便。于是人们试图将气压计做得小巧玲珑,便于携带,而且测量也更精确。

起初,有人将托里拆利气压计改成虹吸气压计,它省去了水银槽,管子的开端弯过2个直角,利用封闭管和开口管中水银的液面高低之差来测量大气压。

1665年,阿蒙顿发明了一种适合于海上使用的气压计,它朝着封闭一端的方向狭窄下去。后来,到了 1688 年,阿蒙顿又发明了另一种复式气压计,气压由几个水银柱来平衡,以缩短气压计的高度。

还有人将气压计的管子制成螺旋上升或者倾斜上升,使得大气压的微小变化在管子内引起较大的水银柱位移。

最著名的要数胡克轮式气压计了。它由一根管子、一个泡、一个带刻度的

圆环以及一根 U 形虹吸管组成,上面有一根指针,有点像钟表上的盘一样。利用这种奇特的装置,放在 U 形虹吸管内的水银面高度如果有任何微小的变化,那么,就会由小指针的旋转运动明显地表示出来。后来,胡克又想了一个方法,用更加简便的结构制造了轮式气压计。

为了更精确地读出水银面的高度,有人甚至在气压计上使用了显微镜和测微计。

今天,随着科学技术的进步,气压计的精度越来越高,外观也越来越漂亮,但是,其原理还是与原始气压计相同,一种为"水银气压计",另一种为"空盒气压计"。后者的原理是使一个金属制成的空盒形成真空,这样,它随着气压的变化,会产生膨胀或压缩现象,从而指示出气压值。不过,与水银气压计相比,它的精确度不高,必须常常校正才行。

气压计和温度计一样,早已成了人们不可分离的伙伴。

麻醉药

外科有今天这样的发展,很大程度上是得到了麻醉术的帮助。

外科手术

麻醉药是外科手术的"好朋友"。在麻醉药发现和发明前,许多外科手术是不能做的,就算能做外科手术,也会给病人带来无限的痛苦。

历史上有记载的最早的麻醉药,是中国后汉和三国时代的华佗给病人服用的"麻沸散"。据说用了"麻沸散"可以做胃肠等大手术。

麻醉药最早是由中国人发明的,可惜"麻沸散"的单方没有能流传下来。很长时期以来,开刀动手术对病人来说,始终是痛苦万分的。直到现在,在英国伦敦医院里,还陈列着一座巨大的吊钟。100多年前,这吊钟就悬挂在医院大厅里,每当遇到病人手术时因为剧痛难熬而拼命挣扎时,就摇响这口钟,医院里的医生护士就会闻声赶去,将那挣扎着的病人,死死按住,好让医生动手术。

那时,手术无论对医生还是病人,都是令人望而生畏的。如何消除病人在开刀时的疼痛,成为外科医学发展道路上必须攻克的大难题。

143

麻醉成功

直到1799年,英国大化学家德维发现笑气能麻醉神经。1845年美国一些牙科医师利用笑气作麻醉药来拔牙,这可算是西方在外科上首先试用的麻醉剂。但由于对麻药的剂量不易掌握而常使药力不足,使麻醉的效果不很理想。

美国医师摩顿听化学家杰克逊无意中提起自己曾被乙醚汽熏入睡着的事情,很受启发,猜想乙醚可能有麻醉作用。于是,他开始在动物身上做试验。摩顿让一条狗吸入乙醚蒸汽。几分钟以后,这条狗睡着了,失去了知觉和对疼痛的反应。几次试验后,摩顿高兴万分,他充分证实了乙醚的麻醉作用。

1846年10月16日,这是麻醉医学史上一个值得纪念的日子。

摩顿在马萨诸塞州总医院公开演示乙醚麻醉术。

手术开始了。病人经乙醚麻醉后,很快就昏睡了,手术十分顺利。美国诗人兼医生霍尔姆斯建议把这种镇痛药称为"麻醉药"。从此,动手术就不那么可怕了。

1847年,英国医生辛普逊和他的同伴邓肯及祁恩找到了另一个更优于乙醚的麻醉药:氯仿。

心电图机

心电图问世后,医生得以实时把握病人的心脏器官工作状况,一次次化险为夷,把病人的生命从病魔的手中夺回。

化险为夷

1906年,荷兰莱顿大学附属医院里送来了一位情况非常危险的心脏病患者。他的心跳非常微弱,以至于当时的测量仪器无法测出,医生无法诊断其病情。正当大家束手无策的时候,一位教授搬出了一台大家从未见过的仪器,用仪器上的一根石英线两端与患者相连,再将仪器与电缆接通,不一会儿教授的实验室里接收到了清晰的心电图。医生们很快诊断出了患者的病情,挽救了他的生命。世界上首台心电图描计器"临床实验"成功了,它的发明者就是那位挺身而出的教授,荷兰医学家威廉·艾因特霍芬。

威廉·艾因特霍芬1860年5月21日出生在印度尼西亚三宝垄的一个大庄园里。艾因特霍芬就读于乌特勒克大学,他的老师是当时有名的病理学家及眼科专家F.C杜德氏教授。杜德氏毫无保留地对艾因特霍芬言传身教,将自己珍贵的研究资料送给了他。艾因特霍芬勤奋好学,并且开始了对心脏的研究。

心脏搏动时,伴有微弱的电活动。19世纪末,根据这一现象,科学家首先在动物体内,尔后在人体内发现这种生物电流极其微弱,一般在毫伏级,而且它的变化非常快,一般的电流计很难测出。1881年,沃勒首先研制出毛细管电位计来记录生物电。但是,该电位计测量瞬间变化的生物电,诸如心电的效果很不理想。为了探求心电电子描计器的机械原理,艾因特霍芬转入物理系苦苦钻研,1885年艾因特霍芬来到莱顿学院,任病理学教授,进一步对他的课题进行研究。1891年艾因特霍芬成功地研制出了弦线电流计。他在两极强磁场之间,垂直放一根极细的直径约有红细胞的1/4石英丝。当石英丝的两端分别与需测量组织相接时,如有电流通过弦线,弦线就会在磁场中发生偏转,其偏转程度与通过弦线的电流强度成正比,于是组织中微弱电流的情况便可以被准确地记录下来。在此基础上,艾因特霍芬又经过不懈的努力,于1903年发明了弦线型心电图描计器。但行事谨慎的艾因特霍芬仍觉得自己的机器不够完善,一直没有公布自己的发明。1906年那次特别的临床实验轰动了世界,艾因特霍芬一夜成名,并因此获得了1924年诺贝尔生理学及医学奖。

科技的发展一日千里,对心电的研究不断取得突破。弦线型心电图描计器已成"伟大的先驱",热笔型、喷墨型心电图机正在心电测量领域被广泛应用。计算机技术飞速发展,并被广泛用于辅助心电图自动诊断。心电图机将会有一个更加广阔的应用前景。

记录心迹

那么,心脏的电激动以一个个心肌细胞的电流动为基础。心肌细胞在静息状态下细胞膜外带正电荷,膜内带同等数量的负电荷。膜内外有各种离子,主要是带正电荷的钾离子、钠离子。以钾离子为例:细胞内的钾离子浓度较细胞外约高 20~30 倍。细胞膜对钾离子的通透性较高,于是一部分钾离子顺着浓度梯度外流至膜外,增加了膜外正电荷的数量。膜内的有机负离子(主要是蛋白质大分子)有随钾离子外流的倾向,但因分子大不能通过细胞膜而被阻滞于膜的表面。膜外正电荷的排斥作用和膜内负电荷的吸引作用,使钾离子的继续外流受阻而达到平衡时,在膜的两侧便形成极化状态,即心肌细胞在静息状态时保持着细胞膜内外的电位差。此时,将微电极插入细胞内,就可录到一个负电位,称之为跨膜静息电位,即膜电位。

细胞膜内外的电位当心肌细胞受到刺激(或自发地)产生兴奋时,迅速变化,细胞膜内的电位由 $-90mV$ 迅速变为 $0mV$,乃至 $+20mV~+30mV$,电位差在瞬间消失,也就是说极化状态消失了,这被称为除极过程。此时,细胞膜外为负电位,膜内为正电位。随后,细胞内又逐渐恢复其负电位,这被称为复极过程。由除极到复极,膜内电位由负变 tR 恢复成静息电位。在静息状态下,细胞膜外任何两点间电位都相等,没有电位差。当某心肌细胞的一部分受到刺激开始除极时,除极部分的细胞膜外带上了负电荷,未除极部分的细胞膜外仍带正电荷,该细胞的除极部分称为电穴,未除极部分称为电源,合称电偶:电穴与电源间形成电位差,产生电流,电流不断地由电源流向电穴。随后,部分电源也开始除极而变成其他尚未除极部分的电穴。此过程不断扩展,直至整个细胞及心脏完全除极:除极过程可看成一组电偶沿着细胞膜不断向前移动,电源在前,电穴在后。尔后,心肌细胞开始复极。先复极部分的膜外获得阳离子,这使该处的电位高于未复极部分,形成一组电穴在前、电源在后的电偶,并产生电流。这组电偶不断前进,直到整个心肌细胞及心脏完全复极为止。

那么心脏每一次收缩和舒张,构成一个心动周期。与之相应的心电活动——除极和复极,形成一个心电周期。人体的体液中含有电解质,具有导电性能,这样在人体内及体表就会有电流自心电偶的正极流入负极,形成一个心电场。心电场在人体表面分布的电位就是体表电位。心电图机将此体表电位的电信号放大,并按心脏激动的时间顺序记录下来,得到心电图,将心电变化描记出来。

描记心电图时,要先将导电糊涂在体表的一些固定部位上,然后把电极板安放在这些部位上,用导线将电极连接到心电图机的正负两极,形成导联。1905 年,艾因特霍芬首先采用标准导联描记心电图,即用 3 种方法在被检测者的肢体上安放电极,形成导联。20 世纪 40 年代,美国学者威尔逊发明单极肢体导联,即分别将安放在右上肢、左上肢、左下肢的电极连接在心电图机的正电极上;把左上肢、左下肢、右上肢、左下肢、左上肢、右上肢的电极连接成中心电端,与心电图负电极相接。此 3 种导联方法记作 aVR、aVL 和 aVF。后戈德伯格把这种导联改良成加压单极肢体导联,使描记出的心电图更为清晰。在单极肢体导联问世后不久,威尔逊又研制出了单极心前导联,即将左上肢、右上肢、左下肢的电极连接成中心电端,与心电图机负电极相连。然后,分别在胸骨右缘第四肋间,胸骨左缘第四肋间,左侧第五肋间锁骨中线处,上述第二处、第三处连线的中点,左侧腋前线与第三处同一水平的地方,左侧腋中线与第五处同一水平的地方放置电极,与心电图的正极相接。用上述 12 种导联描记出的心电图称为 12 导联心电图。每一种心电图机,都是按顺序或同时对这 12 种导联的心电图进行记录,以便全面了解心脏状况。

心电图记录在印有 1mm 间距的纵横细线的小方格上。其横向距离代表时间,纵向距离代表电压。一般记录纸的移动速度为每秒 25mm,横向一小格代表 0.04 秒;1 mV:10mm,纵向一小格代表 0.1mV。用不同的导联测出的心电图波形的振幅、宽度各异。为了分辨心电图是否异常，医学家确定了带有各项数据正常范围的正常心电图。正常心电图由一系列波组成，都可在该心电图上观测到。

科技推进

1957年美国理学博士N.J.霍尔特发明了能在人体活动的情况下描记心电，并能随身携带的动态心电图。该机主要用于监测冠心病、肥厚性心肌病、二类瓣脱垂和长Q-T综合征等患者有无严重心律失常发作，可监测患间歇性心律失常、原因不明的晕厥和病态窦房结合症病人的状况，了解安装在患者身上的心脏起搏器的功能状态，判断心律失常药物的疗效，观察体力活动对心律和心脏供血的影响。动态心电图机包括有两部分。一是能随身携带的盒式或盘式磁带录像仪，它可24小时记录心电图，在图上表明时间，患者有症状的打上标号。二是分析仪，可将磁带以30倍~120倍实时的速度回放出图像，通过人工或分析仪里的计算机按要求识别异常图形，并对24或48小时内各种异常心律的发作频率进行计算和总结。

1952年，P.H.朗纳研制成功了高频心电图。他将普通心电图的频率增加到800HZ~3000HZ，扫描速度加快到200mm/s~500mm/s，心电描记放大倍数增至：1mV：50mm~l00mm，被普通心电图滤掉的高频部分也被检测出了。电子计算机技术的飞速发展推动了计算机在医学工程学中的应用。1957年，美国心脏协会前主席Pipberger开始探索用计算机对心电图进行自动分析。1962年，常规12导联心电图自动分析程序的研制获得了成功。此后，世界卫生组织、国际心脏协会、国际心电协会等组织都推荐用同步记录12导联心电图，作为开发心电图仪的基础，并以此建立正常值和新的诊断标准。心电图计算机自动分析的研究在世界范围内取得了巨大成功,其研究成果加快了商业化进程,临床应用日益普遍。

心电图自动分析系统大致有3种:第一种是设立专门机构,采用大、中型计算机对心电图进行自动分析和处理,并通过电话线将结果传输到各医疗机构的终端设备。第二种,以医疗机构为中心,运用小型、微型计算机建立心电图处理系统。第三种是内置心电图自动分析装置的便携式或手推式心电图机。此外,许多心电图自动分析系统还增加了一些临床实用功能,如自动书写心电图报告并打印、心电图的自动存储和再现。

计算机分析心电图便于大量存储心电图资料,检索相关信息,尤其适用于心血管疾病筛选和流行病学研究。并能明显提高工作效率。同时,有利于统一测量标准,减少人工阅读心电图时造成的误差。通过将心电图模拟信号转换成数字信号,可用定量的方法把心电图正确分类,从而保证心电图解释的准确性。但目前由于这种技术还不十分完善,所以在临床上仍要将心电图的计算机自动解释和人工解释结合起来说明种种病变。总之,计算机分析心电图是一门新兴的边缘学科,计算机技术的开发必将推动心电图学的发展。

"心·心"相印

现在,心电图已普及到城乡大、中、小医院,并被确定为门诊和对住院病人进行的常规检查,为临床诊断、鉴别诊断和治疗提供了重要的科学参考依据。

随着现代科技日新月异的发展,心电图最新技术的开发越来越呈现两大特点：

第一，以人为本，心电图机的操作愈加便捷。日本光电株式会社最新研制出的小型便携式 MAC~1101 型心电图机长 10.65 厘米，宽 6.5 厘米，高 2.4 厘米，重 120 克。开机后，用手指按着机器上的左右两个电极，即可测量心电图。美国 Heartstream 公司研制的"先行者"电击去纤颤器可以接受声音指令，指导内置式计算机对患者进行心电图检查，确定适宜的电击强度。1994 年 4 月由北京哈特医疗仪器技术公司王湘生教授发明的微型心电图记录分析装置——"心脏保护神"荣获日内瓦国际发明展大奖。该装置运用了红外、电脑和微电子技术，重量仅 50 克。"保护神"不但能描记心电信号，还可以对心电图进行分析，并发出不同声音将心电图是否正常等信息告知受检测者。据美国 MIT 心电数据库测定，该仪器灵敏度达 97.6%，准确度为 88.52%。

第二，借助飞速发展的通信技术，给心电图插上翅膀。一些地方开通了心脏监护急救网。患者可用特制的心脏监测器将心电记录下来，拨通急救网电话后，将话筒放在检测器的发送机上，即可传送由心电信号调频的声音。尔后，该声音信号代表的心电图就会被描记在医院的心电图机上。

不久前，瑞士巴塞尔大学附属医院开始试用该国楚格席勒医疗技术公司开发的心电图测量系统，此系统可借助移动电话昼夜不停地对心脏病人进行监测。

如今，随着医疗网络工程的推行，历经百年的心电图机将展开现代科技赋予的翅膀，飞向更广阔的天际。

维生素

维生素旧称"维他命",是生物的生长和代谢所必需的微量有机物。经过霍沃恩、卡勒、库恩、蒂逊、伍德沃德等人的努力,人工合成维生素成为现实,昂贵的维生素从此走入寻常百姓家。

首揭谜底

2000多年前,凯撒大帝率领大军远征非洲。士兵由于在沙漠中长途跋涉,吃不到水果和蔬菜,多数人关节疼痛,行走困难,身上出现乌青块,像得了瘟疫似的纷纷病倒。人们称那种病为坏血症。

15世纪以来,欧洲的航海事业日益发达,漂洋过海的水手也愈加多了起来,但他们同样因吃不到水果、蔬菜而成批地死于坏血病。据统计,当时,长期在海上航行的水手,患坏血病者竟达80%以上。

除了坏血病外,其他怪病如夜盲症、癞皮病、脚气病……恶魔般地威胁着人们的健康。据19世纪末的统计,患癞皮病者在法国有17万人,在美国也有17万人,意大利有10万人,全世界总计达100万人以上。长期以来,这些形形色色的怪病,四处蔓延,严重摧残人们的健康,引起了科学家们高度的重视,他们开始探寻这些怪病发病的根源以及治疗的方法。

1880年冬天,一个大雪飞扬的深夜,瑞士巴塞士大学的俄国研究生鲁宁正专心致志地做实验。他把健康的、相同品种的老鼠分成两组,养在笼中,一组喂自然的粗食,另一组喂精制的食物。按常理,后者比前者吃得好,也应该长得比前者健康。但是,实验结果竟完全相反,吃粗食的老鼠不但健康成长,而且能繁殖后代;而吃精制食物的老鼠却个个无精打采、显露病态,且不久即死去,这是为什么呢?

是精制食物中混入毒物了吗?是食物在精制过程中染上细菌了吗?都不是。已经是第10次试验了,眼看那些吃精制食物的老鼠奄奄一息,鲁宁百思却不得其解。都深夜2点了,鲁宁感到饥饿,便从桌上取来几片面包,又喝了一口牛奶。牛奶是冷的,他感觉牙齿冻得战栗,无法喝完,顺手往病老鼠笼内一倒,便匆匆离去休息。

第二天,鲁宁又早早来到实验室,让他感到吃惊的是,他看到第二组老鼠非但没有死去,反而精神抖擞地竖起了耳朵。于是,鲁宁对病鼠再喂少量牛奶,那些原先奄奄一息的老鼠又活蹦乱跳了。

鲁宁明白了——牛奶中含有使老鼠起死回生的物质。

不久,他将自己的研究写成论文,在瑞士一家杂志上发表,他在文中指出:精制食物不像人们想像的那样有营养,相反,它比普通食物更差。牛奶中含有一种生命必需的东西,老鼠缺少它便会死亡。

鲁宁的发现为后人研究发明维生素起了先导作用。

救命仙丹

19世纪以前,脚气病像恶魔般地吞噬着亚洲一些地区人的生命。仅印度尼西亚就有10万人丧生,当地工人把它当做妖怪作祟,只好画符求神以图消灾,但愚昧的行为未能使脚气病有丝毫的收敛。

1896年夏天，荷兰的伊克曼医生率领一支医疗队来到酷热的印度尼西亚，驻扎在荷兰驻印度尼西亚的陆军医院。不久，伊克曼医生发现一个奇怪的现象：不仅这里的人会得脚气病，连家养的鸡也会得脚气病。这是怎么回事呢？

　　起初，伊克曼认为这可能是一种不知名的细菌引起的，他千方百计寻找那种细菌。他把鸡脚和鸡内脏做成各种切片，放在显微镜下仔细观察，可他没有找到任何导致脚气病的细菌。他又把喂鸡的饲料严格消毒，鸡照样得脚气病。

　　一年过去了，探究脚气病的工作毫无进展。许多同事劝他放弃这种徒劳的跋涉回荷兰，改换研究课题，但是他却毫不气馁，继续探寻。他暗下决心，不达目的，誓不罢休。一天，养鸡场的饲养员请病假，医院只得另请新的饲养员。说来真怪，在新饲养员的饲养下，患脚气病的鸡都恢复了健康，原先又粗又肿的鸡腿变得细长苗条，母鸡又咕咕、咕咕嗒地下蛋了，公鸡也神气十足地喔喔啼叫。

　　难道新饲养员有什么法术？伊克曼苦苦思索着……

　　三个月后，请病假的饲养员重返医院，同时，鸡的脚气病又蔓延开来。伊克曼仔细回忆和研究并比较两个饲养员养鸡的过程，然后又亲自做了实验，终于揭开了其中的奥秘所在。原来，老饲养员用配给的精白大米做饲料喂鸡，所以鸡也像人一样得了脚气病；而后来的饲养员为了捞油水，把喂鸡的精白大米克扣下来，代之以米糠，鸡的脚气病反倒不治而愈。

　　这个事实给了伊克曼一个启示：米糠中一定存在着一种物质，它既可以治愈脚气病，还可预防脚气病。于是，伊克曼就用米糠浸泡出的水给患脚气病的人喝，真像仙丹，米糠水到处，脚气病消除，伊克曼以此挽救了千万人的生命。

成功提取

在断定米糠中含有治愈脚气病的物质后,伊克曼便着手提取这种物质元素,但是,伊克曼毕竟只是个医生,对化学不甚熟悉。经过几番努力,他都以失败告终。接着,其他的化学家继续伊克曼的工作,但大多都失败了。

1913年,波兰化学家丰克总结了前人失败的经验教训,发现由于神秘物质在米糠中含量过于稀少,如果用常规的方法,是难以提取它的。他发明了一种新的方法,选择有强大吸附力的吸附剂——酸性白土来吸住米糠中的神秘物质。这一招果然灵验。奉克将米糠在1%的稀硫酸中浸泡、振荡,使神秘物质全部溶于稀硫酸中,再将溶液徐徐蒸发,浓缩的溶液再慢慢通过酸性白土。这样,这个神秘物质就被逮住了。不过,被奉克捉住的神秘物质少得可怜,在一吨米糠中只能提到不足6克。但是,这种物质治疗脚气病的本领比米糠大几千倍,只要一丁点,脚气病就治愈了。

为了进一步揭开神秘物质的面纱,奉克经过分析发现,它不过是化学亡极普通的胺类有机化合物。于是,他便给它取名为生命胺(Vitarmine)——生命不可缺少的胺类物质。

奉克提取的生命胺为全世界科学家所瞩目。生物学家、化学家们都跃跃欲试,争相投入到捕捉含量极微、对生命至关重要的物质的工作中。短短的10年内,他们便从牛奶中提取到了能治疗口腔炎的物质,在鱼肝中提取了能治疗夜盲症的物质,从水果中提取到能治疗坏血病的物质……但经过分析,它们都不是胺类化合物。因此,用生命胺来命名是欠妥的。于是，德国生物化学家德莱蒙特把生命胺(Vitamine)一词作了修改，他巧妙地将字母 e 去掉，改成维他命(Vitamin)，即维生素(维持生命的要素)。它在食物中含量虽只有万分之一，但生物缺少它，就会得病死亡。

维生素可以说是一个庞大的家族。科学家按发现的时间，把它们按英文字母顺序依次排队命名：维生素 A，维生素 B，维生素 C……依次类排。维生素 B 又有新的成员，再依次称为维生素 B_1、维生素 B_2、维生素 B_3……据统计，现在维生素家族已突破百种。

维生素家族不但成员多，且特性迥异，功能也十分复杂。依特性，这个家族可分为两大类：一类是能溶于水的，称为水溶性维生素，如维生素 C，维生素 K 等；另一类是不能溶于水，但却能溶于脂肪等溶剂，称脂溶性维生素，如维生素 A，维生素 D 等。

论功用，更是各有所能，千差万别，如维生素 A 是眼科医生的"好帮手"，能给病人带来光明；维生素 B 是治脚气病的大师；维生素 C 是坏血病的对头；维生素 D 是软骨病的克星……

成功合成

维生素如此神通广大，只可惜它在物质中的含量微乎其微。例如，从几吨水果中只能提取几克维生素 C。但在临床上，维生素的需要量却极大。如果单靠自然界恩赐，那是远远不够的。

于是，人们自然地想到两种有效的办法：仿照维生素的样子合成和合成效力相同或超过天然维生素的新物品来。当然，这两种办法都需要了解天然维生素的本来面目——测定其分子结构。

英国化学家霍沃恩率先进行这一研究。他致力于维生素 C 的结构测定,由于维生素C十分"娇嫩""弱不禁风",霍沃恩用了整整5年的时间才弄清它的全部结构。他先分析出它由碳、氢、氧等元素组成,再用种种方法测定它的基因的排列顺序。

瑞士化学家卡勒也在进行这一工作。大学毕业后,他便致力于合成维生素B的研究。他也像霍沃恩那样,将维生素B族主要成员的结构一一测定,然后,再用各种化学方法把简单化合物,如甘油、胺等合成维生素。他紧张踏实地工作,20年如一日,终于将维生素B族的主要成员维生素B1、维生素B2等合成出来了。

在维生素家族中,水溶性维生素的结构远比脂溶性维生素结构简单,而霍沃恩和卡勒的工作主要是针对水溶性维生素的。至于结构复杂的脂溶性维生素的合成任务,则留给了德国库恩去完成。

库恩大学毕业后在有机化学研究所合成研究室工作。他决心向当时世界头等合成难题——合成脂溶性维生素进军。他的第一个目标是维生素A。维生素A分子由氧、碳、氢等45种元素的原子组成,有三个活泼性较大的双键,测定它的结构真不容易,一不小心便前功尽弃。合成它则更难一道道工序都要绞尽脑汁,力保成功。库恩花了6年时间,终于测定出了维生素A的结构,然后,他按照结构完成了合成工作。此外,他还测定了更复杂的维生素D的结构,并合成了它。至此,化学家合成了几乎所有维生素。

要使天然维生素发挥更大的作用,另一个途径是对它们作一定的改造。美国蒂逊博士以顽强的毅力,用了3年时间,改造天然维生素K的结构,引进亚硫酸钠基因,使维生素K能溶解于水中。

胰岛素的发明

1965年9月17日,中国科学工作者终于取得了人工合成胰岛素的成功。这是世界上第一次人工合成的一种具有生物活力的结晶蛋白质,它的发明为糖尿病患者带来了福音。

认知之路

胰岛素是胰脏的一种激素,由朗格汉斯氏岛的内分泌细胞产生,成分为多肽,其中两条氨基酸链由二硫链连接,它可以降低血糖。胰岛素在肌肉和脂肪组织内促进葡萄糖穿过细胞膜的转移,在肝中减少糖原异生作用。胰岛素在细胞中促进葡萄糖转化为糖原,也能促进葡萄糖的降解以提供细胞所需的能量。它又能增进脂肪的贮藏以及促进氨基酸合成蛋白质。胰岛素的作用与胰高血糖素、肾上腺素的作用相抵抗。

此外,产生胰岛素的细胞对血糖量直接产生应答。如果胰岛素分泌不足,便会导致糖尿病。

糖尿病是一种奇怪的疾病,在希腊语中,糖尿病被称为"Diabetes-Mellitus"。Diabetes 原意是"流动在弯管中",比喻病人的尿很多。1675年,英国医生威廉详细介绍道:糖尿病人不但尿多,而且还有尿甜的特征,于是,人们就又在病名后又加上一个希腊字 Mellitus,意思是"甜蜜"。这样,Diabetes Mellitus 便成为糖尿病的名称,沿用至今。

糖尿病的症状是"三多一少":"三多"即(1)多饮:尿量增多,体内水分减少,口渴万分,迫不得已要大量饮水。(2)多尿:尿里糖分增加,会促使利尿,于是尿量增多,一昼夜可以排尿几千毫升。(3)多食:大量糖分随尿液白白流失,如此地浪费,使身体内能量不够,于是饥饿难忍,十分贪食。"一少"即体重减少:尽管吃得多,饮得多,但糖分仍源源不断从尿中流失,身体始终处于饥饿状态,人就日渐消瘦。

为什么糖尿病病人的尿液像蜜糖般甜呢?在很长一段时间里,人们对此一无所知。

19世纪后期,欧洲的一些医学家正热衷于研究人体各脏器的生理功能。他们有的反复地探索肝、胆、胰的功能,有的仔细地解剖肠胃……1889年,在德国斯特拉堡医院里,医生梅林和俄国病理学家明科夫斯基,为了进一步研究人体胰腺的消化功能,从各个动物实验角度探索。有的实验干脆把狗的胰腺完整地切除掉,从中发现胰腺分泌的消化液的确会给人体的消化功能带来举足轻重的影响。

同年春天的一个傍晚,梅林医生完成了一天的实验,出去散步。无意之中地发现有许多苍蝇"嗡嗡"地叮围着一摊狗尿,而旁边还有一摊狗尿上却一个苍蝇也没有。细心的他心生疑问,立即采样进行测定,惊奇地发现原来这是一摊糖尿。

毫无疑问,肯定有哪条狗得了糖尿病。经过检查,竟然又让他们大吃一惊,恰恰是那条被完整切除掉胰腺的实验狗得了糖尿病。它的尿招聚成群的苍蝇。这个发现使他们欣喜若狂,立即意识到人类的糖尿病与胰腺之间肯定存在着某种不解之缘。

苍蝇叮尿的启示,揭开了人类研究胰腺功能的新篇章。从此,不少科学家煞费苦心地转入这项课题的研究。

获得突破

解剖学家告诉人们这样一个事实:胰腺,生长在人体胃的后下方,长约12~15厘米,宽3~4厘米,厚1.5~2.5厘米,重量约为60~100克,长条形状,正好被十二指肠环抱着。胰腺分为头部、体部与尾部,主持日常工作的是分布在这三个部分里的两大"部门":外分泌部和内分泌部。外分泌部会分泌胰液,通过专门的导管——胰管,将胰液输送到肠腔里去帮助消化,它每天分泌约1000~2000毫升胰液。内分泌部又名胰岛,成年人胰腺内的胰岛数量可达20~180万个,每个都是一组细胞团,分散定居在胰腺的各个部分,好像分散在海洋中的岛屿,故得名胰岛。这些细胞会分泌内分泌物质,参与人体的新陈代谢。

胰腺与糖尿病有关系,问题的关键必定存在于胰岛中。医学家们一致认为,胰岛中的某种细胞会分泌一种特殊物质,它可以阻止糖尿病的发生。被切除胰腺的实验狗体内没有了这种物质,于是,便患上了糖尿病。

科学家在实验的基础上,做出的逻辑推理有时是非常正确的。

1916年,苏格兰医生沙比·谢弗提出,胰岛产生的抗糖尿病物质,可称其为Insulin,中文译音是英苏林。这个拉丁文,意思是"岛",这就成为了后来胰岛素的正式名称。但是,要从用显微镜才能看到的胰岛细胞中分离出胰岛素谈何容易。开始,医学家们直接从胰腺组织中提取胰岛素,结果一事无成,因为胰岛分泌的胰液中有许多酶,会破坏胰岛素,他们想尽办法把它们分离开来,但还是不行。

1921年,加拿大医生班丁在多伦多大学麦克劳德教授的帮助下,开创了一条新的研究途径。他先将胰腺里的胰管结扎掉,让胰腺的外分泌

"部门"停止工作,于是,原先胰液中的许多酶类物质也就不再生产,在这种情况下,再去提取胰岛素。班丁找到了胰岛素,他称其为 Isletin,即"岛素"。班丁获得了成功。不过,现在医学界仍普遍采用沙比·谢弗所取的名称——Insulin。

班丁的杰出贡献,使他和麦克劳德教授共同分享了1923年的诺贝尔生理学奖。从此,胰岛素登上医学界大堂。

胰岛素是一种蛋白质,其分子结构又是怎样的呢?

1945年,英国生物化学家桑格和他的助手塔丕开始进行研究。他们整整花了10年的工夫,直到1956年,才弄清楚胰岛素的分子结构:它是由两条分子链所组成的,一条叫A链,上面有21个氨基酸,另一条叫B链,上面有30个氨基酸。

这是一个重要的突破。广义上讲,为揭示蛋白质分子结构,桑格找到了一个突破口;狭义上讲,由于知道了胰岛素的分子结构,作为药物使用,不必再直接从动物胰腺组织中去提取,而可开拓人工合成的途径。这也是一个伟大的发现,为此,桑格荣获了1958年的诺贝尔化学奖,人称他是"揭示蛋白质分子结构之父"。

人工合成

人工合成蛋白质是人们向生物活性、向生命进军的首要方向,是人们向往已久的课题。蛋白质如果能通过人工合成,那么它的意义将不仅仅是找到了无机与有机、无生命与有生命的物质之间的关系,而且,将进一步揭示和证实关于生命、灵魂等许多重大问题的认识。由于一些多肽和蛋白质的化学结构,特别是胰岛素的一级结构被陆续认识,通过人工方法合成具有生物学活性的多肽和蛋白质的任务,就摆在了科学工作者的面前。

在世界各国的科学家目光聚集在蛋白质的人工合成问题的同时，1958年，由中国科学院上海生物化学研究所、上海有机化学研究所以及北京大学的科学家汪猷、邹承鲁、钮经义、龚岳亭、邢其毅等领导的众多科学家联合攻关，向科学发起了冲击。

北京大学生物系在国内率先合成了具有生物活性的9肽——催产素。接着中国科学院化学所、有机化学所和北京大学化学系组织了协作组，经过近10年的艰苦奋斗，终于在1965年获得了人工合成的牛胰岛素，并制成结晶。这是世界上第一次用人工方法合成一种具有生物活性的蛋白质，在科学技术和哲学上都具有极其重要的意义，而且为医药工业合成比天然产物更为有效的多肽抗生素、激素等药物开辟了广阔的前景。

牛胰岛素的合成方式是，分别合成A链21肽和B链30肽，再将A、B两条肽链经还原、氧化连接成牛胰岛素。

在合成A、B链的基础上进行全合成。A链和B链按1.2:1.0分子比混合，以摩尔的巯基乙酸还原，然后在空气中氧化。其产物用小鼠惊厥法测定活力，为天然胰岛素的1.2%~2.5%。此粗制品经酸性仲丁醇提取两次后，纯度达到50%。产物在含锌离子的缓冲液中结晶，得到的人工合成牛胰岛素在结晶形状、电泳与层析行为、酶解图谱以及生物活性(降低血糖性能与免疫性能)等方面与天然牛胰岛素完全相同，这充分证明了合成的结晶产物就是胰岛素。

恩格斯指出："生命的起源必然是通过化学的途径实现。"人工合成牛胰岛素的成功，说明人类在研究生命起源的历程中又迈进了一大步。人工合成蛋白质的成功，是人类在认识生命、揭开生命奥秘的征途上向前跨进了重要一步。它标志着人工合成蛋白质的时代已经开始了。

1958年，在中国历史上是一个特殊的时代。在一个政治上处于困境、技术上缺乏基础的艰苦条件下,可想而知,中国的科学家以怎样的毅力和拼搏精神攻克了迈向生命禁区的科学堡垒!因此,可以说人工合成牛胰岛素的成功,不仅反映出了中国科学家的聪明才智和创造力,而且也浸透着他们为此付出的心血和汗水。

近年来发展起来的固相多肽合成是控制合成技术上的一个重要进展。整个合成过程可以在程序控制的自动化固相多肽合成仪上进行。完全自动化,加速了多肽合成的步伐,缩短了合成的时间。

胰岛素的空间结构早已受到人们的重视。我国科学工作者,在1965年人工合成胰岛素以后,于1966年,在物理所、生物物理所和北京大学又组织了部分科学工作者,成立了胰岛素晶体结构研究协作组,开始了胰岛素晶体结构测定的研究。当时生物大分子X射线研究在国际上是一个新兴领域,中国在这方面的研究也是空白。经过几年的努力,于1967年,成功地制备了几个质量较好的含汞、含铅胰岛素重原子衍生物,解决了测定胰岛素晶体结构的一个关键问题。1971年得到0.25纳米分辨率的结构分析结果。1974年又完成了0.18纳米、0.12纳米分辨率的结构分析结果,使中国生物大分子的X射线晶体分析进入了国际先进行列。

在科学技术发展史上,每一项新技术、新发明的创造,无不和研究方法的改进及实验室的革新有着密切的关系。

由人工合成胰岛素派生的活性多肽研究也蓬蓬勃勃地发展起来了。已经人工合成的,除了催产素、增血压素、加压素类似物外,还有促黄体素释放激素、促甲状腺素释放激素、胰高血糖素等多肽激素。此外,蛋白质的结构与功能的研究也在深入探索中。

人工合成胰岛素的发明,使糖尿病患者重新看到希望和曙光,它为医学作出了卓越的贡献,为病人带来了福音。

试管婴儿

"试管婴儿"的诞生标志着人类对自身生殖过程的认识有了一个质的飞跃,是医学史上的又一大奇迹。

科学作秀

说到现代生物技术,人们首先想到的除了克隆绵羊多利,肯定还有人类的特殊公民——试管婴儿。

说起"试管婴儿"的培养历程,我们就不得不追溯到1959年,一位名叫张民觉的美籍华人。他首次将体外受精的36只小兔子胚胎,分别移入6只雌兔的输卵管中,结果娩出15只健康的"试管兔"。

家兔的体外受精与胚胎移植,打开了"试管动物"的新篇章。当然,在人卵上进行的试验,会更复杂,要求的条件也会更高。

那么,第一个试管婴儿是何时诞生的呢?

英国一位火车司机约翰·布朗和妻子莱斯莉结婚以后,长期不能生育。妇科医生斯特普顿经过细心地检查,确诊是由于布朗夫人的输卵管堵塞了。输卵管被堵,卵巢里排出的卵子便不能通过输卵管被输送到子宫中去,因而布朗夫人当然就不能怀孕了。

斯特普顿又通过认真地检查和分析发现,布朗夫人的卵巢是健康的,排出的卵细胞也是成熟的,唯一的障碍就发生在没有进入子宫的通道。于是一个大胆的想法浮现在斯特普顿的脑海:如果将布朗夫人的体内成熟的卵细胞取出来,让它在母体外人工受精,成为受精卵,再送回到子宫里去发育,不就可以成功地孕育新生命了吗?

当然,这项技术和手术都是十分复杂的。于是,斯特普顿与剑桥大学的罗伯特·爱德华教授合作,征得布朗夫妇的同意,从布朗夫人的卵巢中取出成熟的卵细胞,放在特制的培养液中,并用布朗先生的精子进行体外受精。卵细胞体外受精成功后,他们又不断交换培养液。直到受精后的第6天,受精卵已开始分裂,发育成一个多细胞的胚胎。斯特普顿医生就在此时将这个胚胎放回到布朗夫人的子宫内膜上。胚胎在嵌入子宫内膜并得到母体营养后继续生长、发育,经过正常妊娠,布朗夫人终于在1978年7月26日顺利产下一个女婴。她金发碧眼、身体健康,被起名为露易斯·布朗。因为小露易斯形成胚胎的最初过程是在试管里进行和完成的,所以她就被称为世界上第一例试管婴儿。

以前很多不明真相的人都认为所谓"试管婴儿",就是自受精卵到"孕育"到成形乃至"出生"的整个过程都在试管中进行。其实不然,"试管婴儿"的实质是把妈妈的卵子从母体中取出来,放在"试管"中,然后与爸爸的精子结合,通过受精点燃生命的火花之后,这个生命的"火种"还要从"试管"中移回妈妈的子宫内,他与其他正常母体内受精的卵一样,在子宫内一天天长大,然后高高兴兴地走出子宫这个"摇篮",开始漫长的人生之旅。在玻璃器皿中受精的过程,很像化学家用试管做实验,所以人们就把这样得到的宝宝形象地称为"试管婴儿"。爱德华改进了人类卵子受精的方法和保持卵子在体外健康存活所需要的化学溶液。斯特普顿的工作是改善从妇女体内取卵,再把受精卵植入子宫内的技术。他首创了应用腹腔镜从卵巢中摘取卵细胞的技术:通过脐旁腹壁小切口插入腹腔镜顶端,在腹腔中充以惰性气体以获得工作空间,用细长的光学纤维穿过腹腔镜管道,传导光线照亮卵巢。斯特普顿像使用潜望镜那样,通过腹腔镜观察卵巢,选择含有一个成熟卵子的卵泡,吸出卵泡取卵。这项技术在操作时,对身体组织几乎没有什么损伤。

在应用腹腔镜以前,施行取卵手术必须通过长长的宫颈,或者在腹部作长切口,这种长切口可引起患者不适和手术疤痕,而插入腹腔镜所需要的小切口仅需纱布覆盖包扎,患者在手术后一小时内就可起床活动。斯特普顿因发明这种先进的卵细胞摘取手术而赢得了国际声誉。这项技术是早期体外受精实验成功的关键。

1970年,斯特普顿和爱德华宣称,他们已做好把胚胎植入子宫的一切准备。但是,后阶段的研究困难重重。在1978年莱斯莉受孕和分娩露易斯以前,两位医师曾经试验了大约200次,都失败了。他们实际上已使30名妇女受孕成功,但是没有一名妇女把胎儿怀到足月。早在1970年,他俩就曾认为胜利在望,第一个体外受精产生的婴儿即将诞生,可是结果却功败垂成。他们又花费了八年时间才获得成功,这是对两位医师坚持不懈努力的奖赏。

长期多次失败的原因之一是他们把受精胚胎植入子宫以前,在培养皿中发育时间太长。之后,英国伯明翰大学马斯顿医师用恒河猴做实验证明,如果在卵细胞受精后经过一次分裂后即做早期胚胎移植,就能获得成功。斯特普顿和爱德华在马斯顿实验的启示下,找到了成功的方法。在卵细胞受精后仅两天半,就冒险把胚胎植入莱斯莉的子宫内,比以往任何一次实验都早。在以往实验中,他们是把胚胎培养四天半以后才植入母亲子宫中。

如同移植手术一样,问题在于母体对胚胎的排斥反应。正常妊娠时,卵子从卵巢经过输卵管输送到子宫内,从未离开母体,因而不会成为"异物",直到充分发育的胎儿在分娩时被排出母体。而经体外受精后再植入的胚胎则不同,有可能被母体视为"异物"。胚胎在体外发育的时间越长,被母体作为"异物"排斥的可能性也就越大。可斯特普顿仍对莱斯莉抱有很大希望,1977年,布朗夫妇勇敢地破除传统生育观念,大胆地进行了试管婴儿的科学试验。试验成功了,布朗夫妇终于拥有了自己的第一个孩子。

自第一个试管婴儿问世以后,全世界掀起了试管婴儿热,发达国家竞相研究试管婴儿。

1978年10月3日,世界上第二个试管婴儿在印度的加尔各答医院降生;1979年初,苏格兰出世了第三个试管婴儿;1980年初,美国第一个体外受精中心在弗吉尼亚州诺福克市开张;1982年,露易斯·布朗的试管妹妹纳塔莉出生;1988年,中国北京和湖南经过五年多试验,成功地完成了中国首例试管婴儿实验;到1990年,全世界已经有近一万名试管婴儿相继诞生;1995年8月18日,上海市首例试管婴儿在上海医科大学附属妇产科医院呱呱坠地……

电子探针

美国自从20世纪70年代开展试管婴儿实验以来,多胞胎现象便逐渐有所增加。"多子并非多福",多胞胎的婴儿死亡率和早产率都比较高,对胎儿和母体的健康都不利。

妇产科医生说,如果不能保证将健康的受精卵植入受术妇女的子宫,她们就不得不一次又一次地接受试管婴儿手术,这不仅要花大量费用,在心理上也会造成沉重负担。但是现在,随着一种新的能够更好地检测卵子健康情况的仪器的出现,妇产科医生看到了希望。这种仪器是一种电子探针,它能透过细胞壁计量离子转移来判断卵子的新陈代谢状况。目前,科学家们正在研制这种仪器。研究人员希望,如果医生知道哪一个受精卵更有活力,他们将开始只把一个或两个健康的卵子,而不是把整批卵子植入受术妇女的子宫。

过去医生们不得不对怀上三胞胎或多胞胎的妇女进行"减少怀胎数量"的手术。受术妇女可以选择人工流产的方式打掉至少一个胎儿,以便减少风险。通常怀上三胞胎或多胞胎的妇女中有95%接受了堕胎手术。对她们来说,把这些孩子都生下来并且抚养成人不仅非常困难而且相当危险。而现在这种试验性的探针可能减少她们接受这种手术的次数。

1987年,劳斯金和拉塞尔等科学家,分别用人的卵子进行了精子显微镜注射实验,使受精率几乎达到50%。1987年,柯赫采用显微操纵仪,对免疫不孕病人的卵细胞,进行透明带钻孔,引导一个精子穿入,使卵细胞受精,克服了透明带上因为免疫因素造成的精卵结合困难。用这种方法得到的胚胎,经过移植后,得到两例单胎妊娠和三例双胎妊娠。这就是人们所说的"第二代试管婴儿"。

精子微注射法的成功,解决了经典的试管婴儿培育方法不能解决的问题(如免疫因素、精子稀少、精子弱动造成的不孕)。根据这个思路,进一步还能把X型和Y型精子分离出来,再做微注射,这样就可以控制试管婴儿的性别,避免某些伴性遗传病的发生,从而达到优生的目的。

科学家还发现,试管婴儿胚胎在冷冻后植入子宫也能发育成正常胚胎,这使得人类可以更自由地选择后代诞生的时间。瑞典哥德堡市萨尔格伦斯卡医院的研究人员曾对762名18个月以内婴儿的发育情况进行了研究。他们当中有510名是试管婴儿,其中又有一半是由冷冻胚胎发育起来的。研究人员发现普通婴儿与新鲜胚胎和冷冻胚胎试管婴儿在发育方面没有什么差别。深度冷冻的胚胎发育成的婴儿,也像普通婴儿一样健康。

不管是哪一代试管婴儿技术,目前它们的成功率都很高,通常可以达到15%,在一些好的诊所高达25%,也就是平均每进行4次试管婴儿技术治疗就可获得后代。这与自然情况下,人类平均每尝试4个月才能受孕的成功率相似。

研究人员通过实验证实,延长试管婴儿在体外的发育时间,然后再把胚胎植入子宫,可以提高培育试管婴儿的成功率,因为这样可以使整个过程与自然方式受孕下的胚胎发育更加接近。稍稍延长胚胎在体外的发育时间可以使成功率从目前的25%提高到40%,并且可以减少生育多胞胎的可能性。还有一种更新的称为"胚泡移植"的技术。这种技术是让胚胎发育到胚泡阶段(4天),然后再植入子宫。这种胚胎发育方式更接近于自然受孕方式——受精卵在子宫壁着床以前是胚泡。

成就斐然　隐患犹存

在国外,随着试管婴儿诞生,一个新兴的职业——"代生母亲"也应运而生。有一位名叫芳云的美国中年妇女,自己已经生育了一对子女。后来,她又为自己不能生育的妹妹,代生了一个孩子。紧接着,她接连先后为其他家庭代生了16个孩子。于是,这一位传奇式的妇人,竟生了19个孩子,获得了"超级代母"的称号。

更有趣的是,在南非有一位50岁开外的中年女人,身体健康,月经也非常有规律。她的女儿虽然结婚多年,但是不能生育。医生把她女儿的卵取出,用女婿的精子受精。体外培养了3天后,将这枚受精卵种植到这位老妇的子宫里,妊娠后分娩出一个健康的外孙女。

然而,许多事物总有不尽如人意的一面。体外受精和胚胎移植试管婴儿的诞生,在给不育夫妇带来希望的同时,也会有隐患,有可能造成社会、伦理、法律方面的许多问题,比如容易导致一胎多生,或因这项技术能够选择性别而易造成出生人口性别比例失衡等弊病。也可能意外地出生遗传病儿,所以一直要采取缜密慎重的态度。但试管婴儿的研究成果,有几点是无可非议的:第一,它确实标志着科学对胚胎发育和生殖研究达到了一个新水平。第二,它为人工控制生殖创造了条件,为人类优生打下了科学基础。第三,它为不育夫妇带来了生育的希望,他们将有可能生育自己的孩子。第四,它为胚胎发育、胎儿医学的研究创造了有利的条件。第五,试管婴儿的技术,应用于畜牧业,对推广良种、培育良种有重大的实际意义。试管婴儿的研究成果,比1890年美国杜莱姆首先将供精人工授精和1953年美国谢尔曼采用干冰冷冻人类精子进行人工授精获得成功,都胜高一筹。

20世纪,当之无愧地成为生命科学的辉煌时代。

克隆技术

1996年7月,一只名叫多利的绵羊在英国罗斯林研究所诞生,它是克隆技术的结晶。这一轰动世界的研究成果,标志着新世纪——生物学世纪提前向我们走来。

无生繁殖

克隆是英语单词 Clone 的音译,意是指用幼苗式嫩枝以无性繁殖的方式培育植物。随着时间的推移,克隆的内涵已经扩大了。现在认为,只要是由1个细胞发育而成的两个以上的细胞、细胞群或生物体,由一个亲本序列就是克隆细胞、克隆体。克隆细胞与母体细胞的基因完全相同。准确地说,克隆是指生物体通过体细胞进行的无性繁殖,以及由此无性繁殖形成的基因型完全相同的个体组成的种群。

其实,无性繁殖并不是什么新生事物。我们在日常生活中也经常会用到"克隆"这样一种繁殖方式。例如,春暖花开时节,从一个柳树枝上剪下几根小条,插进土里,以后它逐渐长成高大的柳树,形成茂密的柳荫。又比如,农民把土豆切成许多小块,这些小土豆块又可以长成新的土豆……这些都是植物的克隆。在自然条件下,许多植物就是这样繁衍后代的。

这种无性繁殖的方式在低等动物中也是很常见的。例如,细菌、涡虫的分裂繁殖是亲体纵裂或横裂成两个子体；酵母菌、水螅等的出芽繁殖则是亲体在一定的部位长出芽体,逐渐长大,然后脱离亲体而成为独立的个体。

传统观念认为,尽管许多植物和一些动物尤其是低等动物的细胞都可以复制出一个同样的生物,但大部分动物的细胞已经失去了这种能力,例如人的细胞就失去了这种全能性。虽然每一个高等动物的体细胞中都含有组成一个新动物的完整基因信息,但是这种结构却不能在成熟的体细胞中被解读,因为肝细胞只能产生肝组织,乳腺细胞只能产生乳腺组织而不会产生其他组织。因此生物学家一度否定了由动物的成熟体细胞无性繁殖成一个完整的动物的可能性。人们也已经习惯了传统的繁衍生殖模式与过程,即:

精子+卵子→遗传物质相结合→受精卵→胚胎→婴儿

但克隆绵羊——多利的诞生彻底改变了人类的繁殖观,它以确凿的证据证明了无性繁殖即体细胞繁殖在高等动物中的可能性。

"多利"诞生

1997年2月23日,英国伦敦新闻界报道了一则震惊世界的消息:爱丁堡罗斯林研究所的科学家们宣称,他们运用克隆技术——通过把单个绵羊细胞与一个未受精卵相结合——培养出了世界上第一只没有父母的绵羊。这是人类克隆史上的又一重大突破。罗斯林研究所的威尔穆特博士给这只出身奇特的小羊取名为多利。博士喜爱英国乡村歌手多利·帕顿,她一头金发,漂亮而性感。

世界各国新闻媒体争相报道,记者们蜂拥前往。他们是这样描述多利的:

多利浑身洁白,长着细长弯曲的羊毛,粉扑扑的鼻子,左耳上系着一个红色小身份牌。多利生于1996年7月,发育正常,顽皮可爱。多利全然不知道自己的特殊身份,像其他小羊一样吃草、睡觉和欢蹦乱跳,它还从饲养员手中抢东西吃……

一夜之间,小羊多利成了世界上头号新闻"人物"!人们称多利为"The Lamb of the God"(上帝的小羊羔),是耶稣的第二次复活。

多利确实不是一只普通的绵羊,它的身世不像普通羊是通过雌雄两只羊交配后生产出来的,而是科学家用一个成年羊的乳腺细胞,经过克隆技术培育出来的,中间不涉及公羊母羊交配、精子卵子结合等性的问题,这样培育出来的羊称无性繁殖羊。这无疑是生命科学的重大突破,甚至有人拿它与原子能的发现相比。

"多利"的诞生过程将有助于人们详细了解动物克隆技术:

第一步,先从一只6岁的芬兰多塞特种母羊A的乳腺中取出一个本身并没有繁殖功能的普通乳腺细胞,将这个细胞的基因分离出来。

第二步,对一只苏格兰黑脸种母羊B注射促进性腺激素,经过28~33小时后取出卵,并尽快取出细胞核,将其中的基因取出,换上第一只羊的乳腺细胞的基因,将细胞核重新放回卵细胞,再将这个基因已经"调包"的卵细胞放电激活。这样,这个经过调包处理的"卵细胞"就像所有正常受精的卵细胞一样进行着正常的细胞分裂。

第三步,当调了包的卵细胞分裂到一定阶段,胚胎形成后,再将这个胚胎移植到第三只母绵羊C的子宫里。第三只母绵羊经过正常的妊娠后,"多利"就降生了!

那么,多利的父母又是谁呢?

从社会学的角度看,多利有了3个母亲,因为3只雌羊都对孕育多利作出了贡献。

但是，从遗传学的角度看，多利却没有父母，因为只有分别提供了精子和卵子的两个生物个体才是受精卵的父母，而多利并未接受这样的精子和卵子。多利与第一只羊的基因完全一样，是第一只羊的复制品，二者"身份"完完全全相同，故科学家们称此为"无性繁殖"——克隆。

从新闻媒体的角度看，为多利提供细胞的第一只羊既是多利的父亲，又是多利的母亲，因为卵子和精子携带的全部遗传信息都在体细胞内。第一只提供了体细胞，即由那个细胞——祖先细胞分裂繁殖而形成了纯细胞系，这个细胞系中的每一个细胞的基因彼此相同，亦称无性繁殖细胞系。

从人类的法律角度看，第三只羊应是多利的母亲，因为是它"生下"多利的，虽然多利与它的黑脸毫无相似之处。

继克隆羊多利后，有许多科学家宣布早已获得过克隆猪、克隆牛、克隆山羊等，但为什么这些克隆动物过去并没有在世界上产生太大的反响呢？这是因为这些克隆动物都是用胚胎细胞进行的核移植，这同采用已高度分化的体细胞进行核移植的克隆羊多利，是两个不同的概念。其实前者不能说是无性繁殖，因为胚胎细胞本身是通过有性繁殖产生的，其细胞中的基因组，一半来自父本，一半来自母本。而多利的基因组，全部来自单亲。这才是真正的无性繁殖。

克隆羊的成功，是科学史上的一件非常重要的大事。它在理论上的贡献在于，它使人们相信体细胞，特别是高度分化的成年体细胞，有可能在遗传信息的保存上是全能的，而且这个全能性会在一定条件下表现出来。而按照传统发育生物学的观点，成年体细胞是一种定向了的，即这种细胞的性质已经定型是哪种类型的细胞或组织就是哪种类型的细胞或组织。正如乳腺细胞只能发育成乳腺组织一样，不可能再回头，重新获得全能性。

趋利避害

克隆技术对人类产生的冲击将是强烈而持久的。多利诞生后不久,关于克隆技术的讨论也在各种新闻媒体上热热闹闹地登场,从国家首脑到科学家到普通百姓纷纷陈述己见,对克隆的利弊、有性繁殖与无性繁殖比较、克隆的前景等等展开了激烈地讨论甚至争论。但是,归根到底,克隆技术之所以在全世界掀起一场轩然大波,却与人们对"克隆人"的担忧密切相关。克隆技术是一个具有划时代意义的重大的科学技术突破,既然羊、牛的体细胞的全能性在特殊条件下能被激活,从而克隆出整个动物,那么,人也是一种哺乳动物,克隆人的成功就不是不可能的了。但是,人们担心,一旦克隆技术用于人体自身,就有可能成为人类的"生物原子弹"。人类社会的伦理道德将会面临"灭顶之灾"……

现在,各国政府都已经发出了禁止进行人类无性繁殖试验的命令,但人们必须认清这样一个事实,即:克隆人并不是克隆问题的全部,我们必须对科学突破的范围和影响有个全面的了解。如果了解我们身边的一项又一项生物技术的成就,我们会发现,将克隆技术用于动物、植物或人体的细胞和蛋白质的研究,已经和将为生物科学、农业和医学带来巨大的利益。

克隆技术的突破,最直接效果之一就是进行优质植物和良种家畜选育。克隆技术用于植物改良,可以制造出优质高产、抗病虫的新品种;通过克隆技术,对野生植物中的抗病、抗虫基因进行定位,然后转移到具有优良品质的品种中,已经获得了抗虫棉、抗烟草花叶病的烟草以及抗马铃薯病毒的马铃薯等。克隆技术也是培育良种家畜的理想手段。

克隆技术在改良动植物品种上的运用启发了人类的科学想象力。

人们立刻把目光转向了濒危物种的拯救工作。某些濒临绝种的动物物种,它们通常存在有性生殖的某些环节的困难,如果应用克隆技术来增加物种数量,那将是人类及地球的一大福音。

克隆技术在医学领域有着更为广泛的运用和更为诱人的前景。

"克隆"技术在哺乳动物身上的成功,为病人带来了巨大福音。例如,从小乳牛体内提取的具有重要药用价值的凝乳酶价格相当昂贵。后来,科学家们设法先提取产生凝乳酶的基因,再运用先进的转基因技术,"转入"绵羊。这样,这头绵羊的乳汁中也就含有了凝乳霉素。据估算,用这种方法产生的药物,其成本将大大降低。

克隆技术是生物科学上的一个进步。科技的成果是掌握在人类手中的。如果人类能够理智和谨慎地利用克隆技术,那么克隆技术将会把人类社会带入一片美好的新天地。